Über dieses Buch

Nach ihrem ersten erfolgreichen Kartenset mit Begleitbuch über die Heilwirkung der Wildkräuter am Wegesrand hat sich Julia Gruber nun mit unseren gängigen pflanzlichen Nahrungsmitteln beschäftigt. Auf 49 Karten eines ansprechenden Decks wird ein Seelenbild der ausgewählten Lebensmittel vermittelt. Eine Affirmation weist auf Aspekte der jeweiligen Frucht oder Gemüsesorte hin. Die Karten zeigen uns ebenso die wichtigsten Nährwerte auf und wo und zu welcher Zeit am besten geerntet oder fair gekauft wird. Außerdem finden Sie in dem hier vorliegenden Begleitbuch ergänzende und wissenswerte Informationen zur Geschichte und zur körperlichen Wirkung der vorgestellten Nahrungsmittel sowie einfache Rezepte. Doch die Autorin geht noch weiter. Wir werden angeregt, grundsätzlich über unsere Lebensweise nachzudenken und mutig – gerne mit anderen zusammen – Dinge zu verändern und Einfluss auf unsere nähere Umgebung zu nehmen, ob nun durch Guerilla Gardening, Seed Balls, Aktionen wie »Essbare Städte« oder vegetarische und vegane Ernährung.

Über die Autorin

Mag. arch. Julia Gruber
Architektin, Schamanin, Autorin

Julia Gruber führt geomantische Beratungen für Häuser und Grundstücke durch sowie schamanische Aufstellungen. 2012 veröffentlichte sie gemeinsam mit Renate Pelzl das Buch und Kartenset »Wildkräuter – Heilkraft am Wegesrand« im Königsfurt-Urania Verlag. Aktuelle Infos finden Sie unter www.julia-gruber.com und unter www.mensch-und-raum.at

Julia Gruber

Heilkraft
aus der täglichen Nahrung

Kochen, heilen und genießen
mit Pflanzen
aus der europäischen Küche

KÖNIGSFURT–URANIA

Bibliographische Information der Deutschen Nationalbibliothek
Die Deutsche Nationalbibliothek verzeichnet diese Publikation in der Deutschen Nationalbibliographie; detaillierte bibliographische Daten sind im Internet über http://dnb.d-nb.de abrufbar.

FSC zertifiziertes Papier: Bilderdruck matt, Novatech

Originalausgabe
Krummwisch bei Kiel 2013

© 2013 by Königsfurt-Urania Verlag GmbH
D-24796 Krummwisch
www.koenigsfurt-urania.com

Umschlagdesign: Jessica Quistorff, Seedorf,
unter Verwendung folgender Motive von Fotolia.com: Olive © Antonio Gravante, fresh carrots © atoss, Tomatos collection © msk.nina, Weizenähre ©photocrew
Abbildungen: Bildnachweis auf S. 268
Project Management: Antje Betken, Oldenbüttel
Lektorat: Claudia Lazar, Kiel
Ernährungswissenschaftliche Begleitung: Mag. Josef Gangl
Satz und Layout: Antje und Hermann Betken, Oldenbüttel
Druck und Bindung: Finidr s.r.o.

Printed in EU

ISBN 978-3-86826-127-1 (Set: Buch und Karten)

für Gabriel, den Oliven-Liebhaber

Die Symbole auf den Karten

 essbar: **Blüte**

 essbar: **Blatt/Kraut**

 essbar: **Frucht**

 essbar: **Wurzel/Zwiebel**

 essbar: **Samen**

 essbar: **Keimling / Sprosse**

 fair trade

 energieintensiver Transport

Inhalt

Die Lebensmittel im Überblick

Vorwort

Julia Grubers Buch habe ich mit Freude und
einer gewissen Genugtuung gelesen, weil es
deutlich macht, wie reif die Zeit inzwischen für einen viel bewussteren
Umgang mit dem Thema Ernährung ist. Als ich vor gut 40 Jahren zu
vegetarischer Ernährung wechselte, brach in meiner Umgebung ein
Aufstand los und jedes auswärtige Essen wurde zu einem schwierigen
Akt. Der Wechsel vor drei Jahren zu »Peace Food«, also vollwertig-
pflanzlicher Nahrung ohne Tierprotein, war dagegen schon fast ein
Heimspiel.

Das vorliegende Buch geht mit wohltuender Selbstverständlich-
keit mit all diesen Ebenen der Ernährung um. Julia Gruber beschreibt
offen und frei alle möglichen Dimensionen des Essens: vom Fleisch-
Verzehr und seinen Nachteilen für die Gesundheit des Essers, für die
Hungernden dieser Welt, für die Tiere und für die Ökologie über veganes Essen bis zur Lichtnahrung, dem völligen dauerhaften Verzicht
auf Nahrung. Und für mich besonders erfreulich: Der energetische
und seelische Aspekt und seine Konsequenzen kommen dabei ebenso
natürlich mit zur Sprache.

Das vorliegende Set wird so ein wundervoller Wegweiser und
kann zum ureigenen Weg in ein gesundes Leben verhelfen. Die Autorin weiß als Geomantin und Schamanin, wie sehr wir alle mit allem
zusammenhängen, und insofern weist sie auch auf Verbindungen hin,
die den Menschen des materiellen Zeitalters zuerst fremd erscheinen
mögen. Aber wer die Qualität von Räumen und die Rolle des Bewusstseins durchschaut, erkennt, dass die Aufzucht und Lebensweise
von Tieren und Pflanzen Einfluss auf die Qualität der daraus ent-
stehenden Nahrung hat. Eigentlich ist es ja umgekehrt erstaunlich,

wie bei uns noch immer Gourmets und Weinkenner, die selbst noch Hanglage und die Sonnenstunden aus den edlen Tropfen schmecken und Wein verkosten, der während seiner Reifung mit klassischer Musik beschallt wurde, dazu Schweinemedaillons verspeisen können, in denen die Qual von fünf entsetzlichen Monaten steckt. In Deutschland stammen 99 % der 60 Millionen verzehrten Schweine aus dem Tier-Zuchthaus, wo diese eigentlich reinlichen, sensiblen Tiere dazu vergewaltigt werden, ständig im eigenen Kot und Urin zu vegetieren. Während ein kleiner Teil bei dieser Tortur wahnsinnig wird, verfällt der weitaus größere in Apathie und Lethargie. Dabei könnte uns auffallen, dass fast ein Drittel unserer Bevölkerung im Laufe des Lebens dem Wahnsinn einer Psychose verfällt und wie rasch das Millionenheer jener wächst, die im »Seeleninfarkt« landen als Burn- und Boreout-Opfer und Depressive. Dieser Zusammenhang, der beim Schreiben von »Peace Food« über mich hereinbrach und sich beim »Seeleninfarkt« dramatisch bestätigte, wird in Julia Grubers Buch auf klare und zugleich subtile Weise deutlich: Essen genau wie seine Entstehung und Einverleibung sind immer auch seelische und energetische Akte und beeinflussen unsere Lebensstimmung entscheidend. Wer Julia Gruber folgt und die wundervollen Möglichkeiten, die im Wesen von Pflanzen liegen, auf sich wirken lässt, verändert fast automatisch sein Verhältnis zum Essen.

Die Karten zu einzelnen Gemüse- und Obstpflanzen und zu den Elementen Licht und Wasser ermöglichen auch Stadtbewohnern, die weder pflanzen, ernten noch selbst zubereiten, wieder in Kontakt mit dem Wesen jener Lebensmittel zu kommen, die sie verspeisen. Dabei geht die Autorin weit über das wissenschaftliche Weltbild hinaus, das sich nur nach physikalisch-chemischen Ergebnissen richtet. Indem sie die jeweilige Pflanze mit seelischen Themen verbindet, ermöglicht sie einen faszinierenden Schritt in die Tiefe des Essens und die Seele des Essers.

Aus den beim Verzehr bevorzugten Pflanzen entsteht so zum Beispiel ein seelischer Spiegel der Situation des Essenden, an dem sich

ablesen lässt, was sie oder er zu viel, zu wenig oder in Harmonie zu sich nimmt.

So entsteht ein ganz neuer Kontakt zu Pflanzen und der aus ihnen bereiteten Nahrung, der nicht nur unser Verständnis für das Genossene vertieft, sondern auch den Genuss direkt vergrößert. Denn natürlich macht es Freude zu wissen, was man isst und was dadurch in unserem Körper und unserer Seele bewirkt und in Gang gesetzt wird.

Der Umgang mit diesem Buch und seinen Karten macht Lust, wieder selbst zu pflanzen und das Wachsen der Pflanzen mitzuerleben. So wichtig das »Was« beim Essen ist, so wichtig ist auch das »Wie« und folglich sollten wir mehr zu der »Mahl«-Zeit als zur »Schling«-Zeit tendieren und Nahrung bevorzugen, die wir mahlen können, statt solche, die zum Schlingen verführt. (Essens-)Rituale, wie sie früher üblich waren, könnten das erleichtern. Die Art und Weise, unter welchen Umständen unsere Lebensmittel wachsen, bestimmen entscheidend darüber, ob sie diesen Namen überhaupt noch verdienen.

Ähnliches gilt für die Zubereitung. Die persönliche Erfahrung mit dem großen Biogarten, aus dem unsere Gärtner das Seminar-Zentrum TamanGa versorgen, hat mir da einiges klar gemacht: Vollwertigkeit ist längst nicht gleich Vollwertigkeit. Zwar sehe ich die Devas oder Pflanzen-Wesen nicht, aber wenn unsere Gärtner sie anrufen und zur Mithilfe einladen, meine ich das Ergebnis deutlich zu schmecken. Dass die Gedanken und Gefühle von Köchen mit ins Essen eingehen, ist spirituellen Menschen längst klar und jeder der großen indischen Weisheitslehrer oder Gurus hat das bisher noch bestätigt. Die Geschmacks-Erlebnisse in der mit Sternen und Hauben dekorierten Gourmet-Küche, in der alles generalstabsmäßig abläuft und in der militärische Stimmung herrscht, haben mir persönlich nie so besonders geschmeckt im Gegensatz zu den vollwertig-pflanzlichen Gerichten aus der Findhornküche vor Jahrzehnten und heute aus der von TamanGa. Julia Grubers Buch hat mir nochmals klarer werden lassen, woran das liegt.

Wer ihren Spuren durch Buch und Karten folgt, wird nachfühlen können, dass Pflanzen Wesen sind und ein Wesen haben. Was für Homöopathen und Bachblüten-Therapeuten schon immer Grundlage ihrer Arbeit war, wird nun hoffentlich auch Essern und damit der Allgemeinheit bewusst.

Die Beschäftigung mit den Ess-Pflanzen-Karten fördert in mancher Hinsicht einen Lebensstil, wie er früher üblich war, als man noch einfacher aß und regelmäßig vor und nach dem Essen betete, um einerseits der Hoffnung Ausdruck zu verleihen, dass das Genossene gut bekomme, und andererseits, um seinen Dank für die Geschenke der Natur abzustatten.

Viele lassen sich heute über den Leidensdruck von Unverträglichkeiten und Allergien zur Rückkehr zu Fasten und einfachen Gerichten zwingen – immerhin – aber das ließe sich einfacher haben.

Jedes Essen bringt uns in Austausch mit unserer Umgebung und damit dem Feld, in dem wir leben und bestenfalls wachsen und gedeihen oder schlechterenfalls darben und leiden – und das bezieht sich natürlich neben der körperlichen ebenso auf die seelische Ebene. Dass der eigentlich offensichtliche Zusammenhang zwischen unserer Nahrung und ihrer seelischen Bedeutung so lange übersehen wurde, ist erstaunlich. Das zu beenden ist eines der Anliegen dieses Buches. So regt es an, über die gewählte Diät die eigene Lebensweise zu durchschauen und zu spüren, ob sie überhaupt weise ist, wie es das ursprünglich griechische Wort *Diät* meinte, das heute auf eine rein materielle Sicht reduziert ist.

Die über die Karten angestrebte Bewusstwerdung für die Pflanzen und ihr Wesen – da wir sie essen, werden wir langfristig aus ihnen bestehen – kann über die Ernährungs-Lehre hinaus zum Schlüssel für ein erfülltes nachhaltiges Leben werden. Denn nicht nur wie wir essen, auch wie wir wohnen, fühlen, uns bewegen und was wir als Berufung empfinden, hängt entscheidend von unserer Bewusstheit ab. Zwar lässt sich über den Darm weder heilig werden noch Befreiung erlangen, aber der Umweg über die Bewusstheit, die rund ums Essen

entstehen kann, ist doch von zentraler Bedeutung für ein geglücktes Leben.

Wie aber findet die Autorin den Weg von der Chemie der Inhaltsstoffe zum seelischen Wesen der Pflanzen? Sie folgt ihren schamanischen Fähigkeiten und versetzt sich ins Wesen der Pflanzen hinein. Was auf den ersten Blick fern und okkult anmuten mag, ist in anderen Zusammenhängen längst vertraut. Alle, die schon einmal eine Familienaufstellung nach Hellinger erlebt haben, kennen das Phänomen. Dabei versetzt man sich ins Feld anderer Wesen und erlebt deren Emotionen und Gefühle. So ähnlich macht es die Autorin mit den Ess-Pflanzen.

Vor Jahren machte ich eine ähnliche Erfahrung mit einem Cuandero, einem Pflanzenweisen im Amazonasgebiet, auf der Suche nach meinen heiligen Pflanzen, die mir den weiteren Weg weisen sollten. Mein Begleiter ging ganz selbstverständlich davon aus, dass meine Pflanzen mich rufen würden. Wahrscheinlich taten sie das auch, nur war ich zu wenig hellhörig. Schließlich nahm er mich buchstäblich bei der Hand und so fand ich zu ihnen und durfte eindrucksvolle Erfahrungen in meinen Seelen-Bilder-Welten machen, zu denen mir erst die Pflanzen die Türen öffneten. In meiner Seele muss dieses Wissen schon lange geschlummert haben, denn schon Jahre vorher hatte ich ähnliches in dem Märchenroman »Habakuck und Hibbelig« beschrieben.

Auf solchen Wegen sind letztlich die Bachblüten zu uns gekommen und viele homöopathische Mittel ergründet worden, und ich freue mich, dass dieser Weg über die Intuition jetzt auch für die Ess-Pflanzen von Julia Gruber auf so ansprechende Art beschritten wurde.

TamanGa, im Dezember 2012
Ruediger Dahlke
(www.dahlke.at)

Einleitung und Lagebestimmung

Wir Menschen sind mit unserem Körper Teil eines größeren Organismus, dem Landschaftsraum um uns. Beständig nehmen wir aus diesem Licht, Sauerstoff, Wasser und Nahrung auf und geben unsere eigenen Stoffwechselprodukte an ihn ab. Es ist ein steter Kreislauf von Geben und Nehmen – und das ist nicht nur auf der materiellen Ebene so. Auch unsere Seelen werden ständig berührt von den Lebewesen um uns, von der Landschaft, in der wir wohnen, und von der Weite des Himmels. Wir sind gar nicht solch eigenständige Individuen, wie wir manchmal glauben mögen, sondern durch viele »Nabelschnüre« in das »große Leben« eingebunden. Das tägliche Essen spielt dabei eine wichtige Rolle. Neben der benötigten Energie und den Vitalstoffen liefert es uns auch jede Menge subtilere Informationen. Wie ist eine Pflanze gewachsen oder ein Tier gehalten worden? In welchem Umfeld, unter welchen Bedingungen? Ja, welche seelische Kraft essen wir eigentlich mit unserem »täglich Brot«?

Erst langsam beginnt sich die gängige Wissenschaft mit dem Gedanken anzufreunden, dass die Massenproduktion der industrialisierten Landwirtschaft nicht der Weisheit letzter Schluss ist. Nach den Weltkriegen ist es in Europa vor allem darum gegangen, dass die Bevölkerung wieder satt wird. Dieses Ziel haben wir erreicht – oder besser gesagt: Über dieses Ziel sind wir schon weit hinausgeschossen. Durch Kunstdünger, Pestizide, Gentechnologie, Einsatz von schweren Maschinen und Massentierhaltung produzieren wir jährlich tonnenweise Lebensmittelüberschüsse, die anschließend als Müll entsorgt werden. Das alles geht bekannterweise auf Kosten der Gesundheit von Boden, Pflanze und Tier. Und damit von uns Menschen. Es gibt Untersuchungen darüber, wie rapide die wertvollen Inhaltsstoffe in unserer Nah-

rung generell abgenommen haben. Im Gegenzug steigt die Belastung durch Schwermetalle, Pestizid-Rückstände etc. an. Wer bewusst biologisch angebaute Produkte einkauft, ist zwar besser dran, doch trotzdem nicht »aus dem Schneider«. Es geht nicht nur um die Aufzuchtbedingungen, sondern auch um die teils sehr lange Transportzeit, während der in den Nahrungsmitteln bereits Abbauprozesse stattfinden. Ärzte weisen darauf hin, dass die Grundlage vieler neuer Zivilisationserkrankungen auch ein Vitalstoffmangel ist. Es ist wirklich unglaublich: Während das Übergewicht in unserer Gesellschaft zunimmt, erleben wir gleichzeitig eine generelle Unterernährung der Menschen in Bezug auf die benötigten Vitalstoffe!

Wie kann es sein, dass wir »freie« Menschen in den westlichen Demokratien zulassen, dass unser Grund und Boden, Wasser und Luft durch unsere Lebensweise schleichend vergiftet werden? Und damit gleichzeitig auch unser Körper? Warum kochen wir Fleisch aus überdimensionierten Tierfabriken? Nur weil es ein paar Cent billiger ist? Das dort herrschende Leid wollen wir mit uns und unseren Kindern doch eigentlich nicht in Verbindung bringen. Glauben wir ernsthaft, dass der heillose Zustand, in dem Masttiere oft leben, ihnen **nicht** in Fleisch und Blut übergegangen ist? Stresshormone und Medikamentenrückstände in den Produkten zeigen das Gegenteil auf.

Fragen wir uns doch einmal: Was macht heute eine natürliche und gesunde Ernährung aus? Blutgruppendiät, Atkins-Diät, Dinner-Canceling, Hollywood-Diät, Steinzeiternährung, Null-Diät, Glyx-Diät, …? Vielleicht sind auch Sie schon bestimmten Ernährungsrichtlinien gefolgt? Gerade extreme »Hungerdiäten« halten Menschen oft nur kurz durch und erleben danach einen Rückfall in ihre alten Gewohnheiten. Als Draufgabe schnellt ihr Körpergewicht in die Höhe (»Jojo-Effekt«).

Welche der vielen, sich widersprechenden Ernährungsrichtlinien stimmt denn nun? Sollen wir viel oder wenig Eiweiß essen, Rohkost oder nur Gekochtes, mehrere kleine oder wenige große Mahlzeiten, …? Nach allen Erfahrungen lässt sich nur eines mit Sicherheit sagen:

Jeder Mensch is(s)t anders!

Und daher muss das, was bei Ihrem Nachbarn eindrucksvoll wirkt, nicht zwangsläufig für Sie ebenfalls gut sein. Auch hat mittlerweile ein großer Prozentsatz der Menschen Unverträglichkeiten für das eine oder andere Nahrungsmittel entwickelt. Doch zu Beginn einige Punkte, die sich allgemein bewährt haben:

✗ *Wählen Sie einfache, naturbelassene, vollwertige Nahrungsmittel. Verzichten Sie auf alle künstlichen Aromastoffe, Süßstoffe und Konservierungsmittel.*

✗ *Kaufen Sie möglichst biologisch angebaute Produkte aus der Region mit kurzem Transportweg oder pflanzen Sie sich selbst etwas an.*

✗ *Wenn ausländische Produkte nicht zu vermeiden sind, dann achten Sie auf fairen Handel.*

✗ *Lassen Sie sich beim Vorbereiten der Mahlzeit und beim Essen selbst Zeit. Der erste Bissen schmeckt am besten. Essen Sie viele »erste« Bissen.*

✗ **Essen Sie etwas weniger und kauen Sie dafür mehr. Nicht umsonst sprechen wir von einer »Mahl«-Zeit. Lassen Sie die Zähne ihr Werk tun, die Verdauung beginnt im Mund.**

✗ **Nutzen Sie reichlich die reinigende Wirkung von gutem Trinkwasser.**

✗ **Bewegen Sie sich täglich an der frischen Luft. Das bringt Ihre Verdauung auf natürliche Weise in Schwung und vitalisiert Ihren ganzen Körper.**

✗ **Vorsicht mit Antibiotika! Viele Medikamente greifen die Darmflora an. Erkundigen Sie sich im Krankheitsfall nach geeigneten Alternativen.**

✗ **Beziehen Sie die seelische Wirkung der Nahrungsmittel mit ein. Durch jedes Lebensmittel, das Sie zu sich nehmen, treten Sie mit einem bestimmten Aspekt des Lebens verstärkt in Beziehung.**

Das Wort »Diät« (griechisch: δίαιτα, díaita) wurde ursprünglich im Sinne von Lebensweise verwendet. Eine gesunde Lebensführung beinhaltet viel mehr als nur eine bestimmte Auswahl an Nahrungsmitteln: zum Beispiel genug reines Wasser und Sonnenlicht, aber auch die rechte »Work-Life-Balance«, erfüllende Beziehungen, eine passende Wohnsituation und das Eingehen auf die eigenen seelisch-geistigen Bedürfnisse. Es gibt einen Generalschlüssel, der praktisch alle Herausforderungen des Lebens aufschließt und der heißt:

Bewusstheit

Bringen Sie mehr Bewusstheit in Ihren Umgang mit den Lebensmitteln. Entdecken Sie, wie sich die Birne, die Sie in der Hand halten, an-

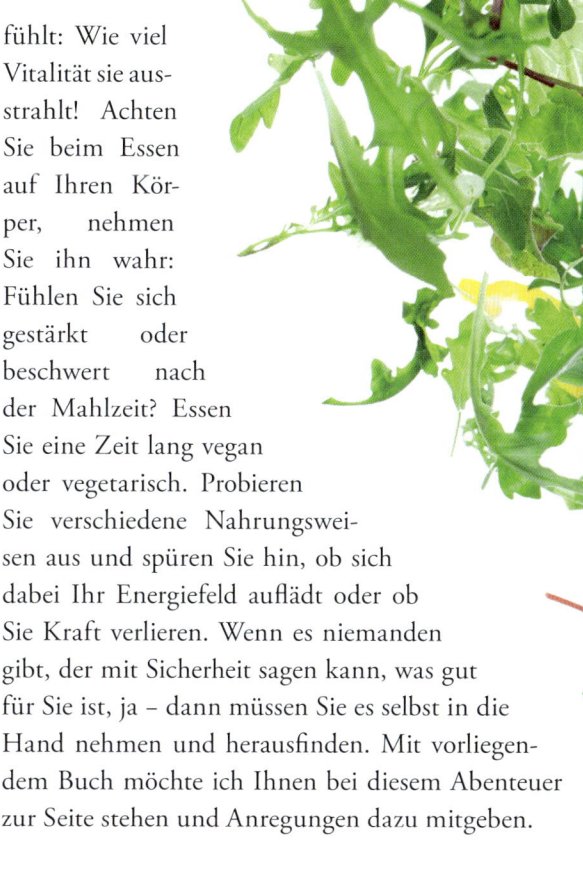

fühlt: Wie viel Vitalität sie ausstrahlt! Achten Sie beim Essen auf Ihren Körper, nehmen Sie ihn wahr: Fühlen Sie sich gestärkt oder beschwert nach der Mahlzeit? Essen Sie eine Zeit lang vegan oder vegetarisch. Probieren Sie verschiedene Nahrungsweisen aus und spüren Sie hin, ob sich dabei Ihr Energiefeld auflädt oder ob Sie Kraft verlieren. Wenn es niemanden gibt, der mit Sicherheit sagen kann, was gut für Sie ist, ja – dann müssen Sie es selbst in die Hand nehmen und herausfinden. Mit vorliegendem Buch möchte ich Ihnen bei diesem Abenteuer zur Seite stehen und Anregungen dazu mitgeben.

> *»Tu deinem Leib etwas Gutes,*
> *damit deine Seele Lust hat, darin zu wohnen.«*
>
> (Theresa von Ávila)

21

Zur Entstehung dieses Buches

Gemeinsam mit meiner Kollegin Renate Pelzl beschäftigte ich mich vor zwei Jahren intensiv mit der seelischen und körperlichen Heilwirkung von Wildkräutern. Daraus entstand das Kartenset »Wildkräuter – Heilkraft am Wegesrand«[1]. Noch während wir mit den unscheinbaren grünen Begleitern vor unserer Haustüre arbeiteten, tauchte der Gedanke auf: »Wie steht es eigentlich mit den Grundnahrungsmitteln? Welche Heilkraft finden wir denn täglich auf dem Teller?« Nun ist die Zeit reif für das aktuelle Kartenset. Ich bat wieder 49 Gäste – diesmal Lebensmittel – ins »Rampenlicht«. Ich stimmte mich auf ihre seelischen Qualitäten ein und fasste diese anschließend in Worte. Wie das geht? Nun, dafür nutze ich meine verfeinerte Sensibilität. Schamanismus, die Arbeit mit dem »Unsichtbaren«, ist meine Leidenschaft. Ob das die Atmosphäre eines Hauses ist oder das Familiensystem eines Klienten – mit Hilfe von Intuition und viel Erfahrung lese ich aus dem betreffenden Energiefeld wichtige Informationen für die Beteiligten heraus. Vielleicht waren Sie schon einmal bei einem Workshop für »Aufstellung von Familiensystemen« dabei? Durch diese Technik konnten in den letzten Jahrzehnten Tausende von Menschen Erfahrungen mit den unsichtbaren Informationsfeldern machen. Während der Aufstellung fühlten sich manche plötzlich wie ihr verstorbener Onkel oder wie ein abgetriebener Fötus, einfach deswegen, weil sie dessen Platz im System eingenommen hatten. Theoretische Grundlagen zu den morphischen Feldern können Sie beispielsweise bei dem britischen Biologen Rupert Sheldrake[2] nachlesen.

1 Pelzl, Renate / Gruber, Julia: Wildkräuter – Heilkraft am Wegesrand, Königsfurt-Urania Verlag 2012
2 siehe Literaturhinweise

Ich bin keine Ernährungswissenschaftlerin, doch das Thema »Essen« interessiert mich schon lange »in eigener Sache«. Für das Buch, das Sie in den Händen halten, habe ich aktuelle Forschungen zum Thema Ernährung und traditionelles Heilwissen zusammengetragen und mit meinen Erfahrungen verbunden. Als Kind war ich extrem heikel beim Essen. Besonders Gerichte mit vielen Zutaten waren für mich dubios und lösten Ekel aus. Das gleiche Phänomen beobachte ich heute bei meinem Sohn und seinen Freunden. Je einfacher und nachvollziehbarer der Geschmack einer Speise ist, desto lieber mögen es die Kinder. Meine Mutter experimentierte schon früh mit Vollkorn und Soja. Vieles (wie Marmelade und Säfte) wurde bei uns zu Hause selbst gemacht, oft sprangen dafür die Großmütter ein.

Mit zwanzig beschloss ich, aus einem inneren Impuls heraus, kein Fleisch mehr zu essen, und wurde Vegetarierin. Auf der Uni lernte ich dann den Geschmack der Großküche und ihre vielen »Zaubertricks« kennen: künstliche Aromastoffe & Co. »Warum schmeckt die Gemüsesuppe dort so anders als zu Hause? Warum bekomme ich danach immer intensiven Durst und Halskratzen?« Um nicht mehr in der Mensa essen zu müssen, verpflegte ich mich mit Pizzaschnitten, Käsebroten, Tomaten, Äpfeln und Joghurt. Diese Ernährung war wohl etwas einseitig, denn als ich mich eines Tages auf Unverträglichkeiten testen ließ, kamen genau diese Nahrungsmittel als Ergebnis heraus. Es hieß dann für mich: ein halbes Jahr strenge Diät ohne Zucker, Hefe, Weizen, Milchprodukte, Tomaten und Äpfel. Aus war es mit der Pizza. Durch diese Restriktionen begann ich, die Beipacktexte der Produkte im Supermarkt sehr genau zu lesen. So enthielten beispielsweise viele Dinkelbrote einen großen Anteil Weizen. Und in manchen »Sauerteigbroten« wurde trotzdem Hefe zum Starten verwendet. Gerade Hefe fand ich in vielen Produkten wie in Aufstrichen, in Suppenwürze und Fruchtsäften. Nach dem halben Jahr Diät fühlte ich mich tatsächlich anders. Ich hatte ein besseres Gefühl für meine Grenzen, ich fühlte mich nicht mehr so »schwammig« und mein Hautbild besserte sich. Einige Jahre später machte ich die Diät

noch einmal – jedoch verschärfter. Diesmal ließ ich anfangs alles Getreide weg. Das bedeutete, dass der Tag für mich mit Kartoffeln statt Brot oder Müsli begann. Jedenfalls eine interessante Erfahrung! Und viele meiner Gewohnheiten brachen plötzlich weg: die Rippe Schokolade zwischendurch als Belohnung, das schnelle Stück Käse gegen den Hunger.

Seit einigen Jahren nehme ich mir die Freiheit, mittags zu Hause selbst etwas zu kochen. Ja, es stimmt – das braucht Zeit. Eine Stunde zum Kochen und eine zum genüsslichen Verspeisen und Nachruhen. Ich finde, dass das heutzutage ein beinahe unerhörter Luxus ist, und ich habe diebische Freude, mir diesen zu gönnen. Ich esse hauptsächlich vegan (keine tierischen Lebensmittel, weder Eier noch Milchprodukte) und das fühlt sich sehr gut an. Mit überschüssigen Pfunden brauche ich mich nicht mehr herumzuschlagen. Auf Reisen und im geselligen Kreis sind allerdings ein paar Vorbereitungen nötig, da die vegane Küche in unserer Gesellschaft doch noch weitgehend unüblich ist. Und wenn Sie jetzt fragen: »Wird man da nicht blass und freudlos, wenn man ständig auf so viel verzichten muss?« Dann kann ich nur sagen, dass es für mich kein Verzicht ist, denn die Natur bietet uns ein sensationell reichhaltiges Nahrungsangebot! Wie viele nährstoffreiche Gemüse fristen derzeit ein Schattendasein (z. B. der Kohl). Wie viele Pflanzen lassen sich als wohlschmeckende Keimlinge und Sprossen ziehen. Dazu die ganze Vielfalt wohlschmeckender Öle aus Samen und Nüssen. Also mir ist bis jetzt noch nicht langweilig geworden – der Blickwinkel verändert sich einfach.

Beim Zurückkommen auf die elementaren Lebensmittel gilt es, Neuland zu erforschen und viele neue Rezepte auszuprobieren. Klar macht das nicht jedem Spaß. Und auch nicht jede kann und will sich täglich die erforderliche Zeit dafür nehmen. Teamwork ist hierfür ein gutes Stichwort: Kochen und Essen kann Menschen verbinden. Fragen Sie doch einmal bei Ihren Nachbarn nach. Für ein gemeinsames Essen hin und wieder muss man nicht unbedingt in einem Ökodorf

wohnen. Was mit kleinen Kindern noch eher selbstverständlich ist – nämlich sich gegenseitig auszuhelfen – kann auch später Spaß machen. Eine weitere Möglichkeit sind *Eat-Ins*. Dazu bringt jeder etwas mit (selbst Gekochtes oder auch nur Getränke), das dann am großen Tisch geteilt wird. Ein Eat-In kann selbstverständlich auch im öffentlichen Raum stattfinden wie beispielsweise in einem Park oder in einer Fußgängerzone und dabei zu einem politischen Statement werden. Eine andere Möglichkeit sind sogenannte *Cook-Ins*. Hier bringt jeder eine Zutat mit und gemeinsam wird daraus etwas Feines gekocht oder gebacken.[3]

Eine meiner Freundinnen ist Masseurin und den ganzen Tag außer Haus. Früher hat sie ihr Mittagstief oft mit Süßigkeiten und Snacks bekämpft. Seit einiger Zeit bereitet sie sich stattdessen morgens einen Grünen Smoothie zu. Dazu gibt sie einige frische Blätter (z. B. von Salat, Spinat, junge Löwenzahnblätter oder Mangold) mit etwas Obst und Wasser in ihren Mixer. Kurz auf den Knopf gedrückt, in eine Flasche abgefüllt und schon lässt sich der persönliche Energy-Drink komfortabel in der Handtasche mitnehmen. Gerade für umtriebige Städter mit wenig

3 Ideen dazu auf der Homepage www.slowfoodyouth.ch

Zeit bieten die grünen Säfte eine tolle Möglichkeit, sich mit frischen Vitalstoffen zu versorgen.

In den Büchern der Russin Victoria Boutenko finden Interessierte dazu viele Rezepte und Anregungen.[4] Wer sich die Zeit für die Zubereitung nicht nehmen will, hat vielleicht in seiner Umgebung jemanden, der grüne Säfte frisch herstellt.[5] Sollten Sie sich nicht vorstellen können, dass ein Grüner Smoothie gut schmeckt, dann probieren Sie es einfach einmal aus: Sie werden staunen!

Ja, und dann gibt es noch Menschen, die von sich behaupten, gar nichts zu essen. Zwei davon durfte ich kennenlernen. Etliche werden in dem interessanten Film »Am Anfang war das Licht« von P. A. Straubinger vorgestellt. Doch darüber später mehr, jetzt wollen wir uns zunächst den Grundlagen unserer Esskultur zuwenden.

---

4   siehe Literaturhinweise
5   Josef Gangl, der dieses Buch als Ernährungswissenschaftler begleitet hat, bietet diesen Service im Raum Wien an.

Die Geschichte der heimischen Ernährung

Durch die Aufnahme von Nahrung deckt jedes Lebewesen seinen Energiebedarf. Es baut Körpersubstanz auf und erneuert diese. Die frühesten Vorfahren des Menschen dürften sich zum überwiegenden Teil pflanzlich ernährt haben. Erst später kam der Verzehr von Fleisch hinzu. Der Umgang mit dem Feuer vergrößerte dann die Palette der essbaren Nahrungsquellen. Als wichtigen Einschnitt kann man die Zeit benennen, in der die nomadischen Jäger- und Sammlergemeinschaften sesshaft wurden und begannen, Ackerbau und Viehzucht zu betreiben. Damals kam es zu einer Reduzierung des vielfältigen Nahrungsangebotes aus der Naturlandschaft auf bestimmte Feldfrüchte und Nutztiere.

Werfen wir einen Blick in die Geschichte der europäischen Esskultur: Für die meisten Menschen bildete Getreide die wichtigste Nährstoffquelle. In den kälteren Gegenden spielten die Produkte der Jagd und Fischerei eine wichtige Rolle. Als sich das Christentum ausbreitete, verstärkte sich die Bedeutung von Brot, Wein und Öl in der Gesellschaft durch ihre symbolische Verwendung in der Liturgie. Um die neugegründeten Klöster wurden Gärten und Weinanbauflächen angelegt. Die Klimaerwärmung zwischen Früh- und Hochmittelalter sowie technische Errungenschaften (Mühlen, Keltern) verbesserten das Nahrungsangebot. Trotzdem gab es immer wieder Hungersnöte und damit einhergehende Völkerwanderungen.

Die Dreifelderwirtschaft begann sich durchzusetzen: Dabei wurde der Boden in drei Teile aufgeteilt, wobei immer ein Teil brach lag und als Weide genutzt wurde. Gekocht wurde in einem großen Kessel über

einer offenen, gemauerten Feuerstelle in der Mitte des Wohnraums. Den Speiseplan dominierten Breie, Eintöpfe und Suppen. Öfen zum Backen des Brotes fanden sich zunächst nur in größeren Haushalten. Wenn Getreide knapp war, wurde es mit Kastanien, Eicheln und Hülsenfrüchten gestreckt. Dank dem einsetzenden Fernhandel erreichten neue Gewürze (z. B. Safran) die Küche wohlhabender Menschen.

Im Spätmittelalter wurden noch ca. 80 % eines mittelständigen Haushaltsbudgets für Lebensmittel aufgewendet. Dies ist übrigens noch heutzutage in vielen Entwicklungsländern so.

Einen wichtigen Stellenwert nahmen die kirchlichen Fasttage ein, speziell vor Ostern. Zu diesen Zeiten war das Konsumieren von Fleisch, Eiern und Milch streng verboten. Die Anzahl der Fasttage schwankte regional, konnte aber bis zu 150 Tage pro Jahr ausmachen. Daher wurden die Menschen sehr erfinderisch, um Fastengebote zu umgehen. Stockfische, Salzheringe, Krebse und Muscheln galten nicht als Fleisch und wurden manches Mal besonders von den Mönchen in Unmengen verzehrt.

Durch die Entdeckung der »neuen Welt« sowie durch die intensivierten Handelsbeziehungen nach Asien und Afrika zogen in der Folge neue Nutzpflanzen und Gewürze in die europäischen Haushalte ein: Kartoffeln, Mais, Tomaten, Kaffee, Tee, Kakao, Vanille. Bis in die frühe Neuzeit waren meist zwei Mahlzeiten pro Tag

üblich. Für die ländliche Bevölkerung bestand die erste Mahlzeit aus einem Getreidebrei, abends gab es Suppe und Brot.

Die letzte massive Umstellung in der Geschichte des menschlichen Essverhaltens passiert derzeit: Ein großer Teil der Menschen in der modernen Gesellschaft ernährt sich von Fast Food, Fertigspeisen und Softdrinks. In den meisten Schulbuffets gibt es zur Stärkung Wurst-semmeln, Pommes und Cola im Angebot. Eine Unzahl an Küchen in Betrieben, Kindergärten und Ausbildungsstätten wur-de in den letzten Jahren wegen angeblicher Unrentabilität ge-schlossen. Stattdessen bringt ein Lieferwagen portionierte Tief-kühlnahrung in Aluschalen. In den privaten Haushalten haben Kühlschrank und Mikrowelle längst den Herd als Zentrum des Hauses abgelöst. Der Anteil von Fleisch auf dem Speisezettel er-reichte sein Rekordhoch.

»Hähnchen mit Reis«

Das Problem bei vielen gekauften Fertigprodukten ist, dass gar nicht das drinnen ist, was der gutgläubige Konsument meint! Beispiel Käse: Mischen Sie Geschmacksverstärker und Pflanzenöl mit Eiweiß und Wasser, dann erhalten Sie ein Produkt ohne Milch, das nach Käse schmeckt, aber um 40 % billiger ist. In Österreich werden derzeit rund 10 000 Tonnen Kunst-Käse verwendet, in Deutschland das Zehn-fache.[6] Sie landen auf Pizzen und in Tiefkühlgerichten. Erstaunliches kann auch vom Fleisch berichtet werden: In einer Veröffentlichung

---

6   Krobath, Sarah: Das große Grausen in Biorama, Magazin für nachhaltigen
     Lebensstil Nr. 20, S. 46

des Hessischen Verbraucherschutzministeriums von 2009 wurde aufgezeigt, dass in 68 % der in der Gastronomie entnommenen Proben statt Kochschinken ein künstlich hergestelltes Imitat verwendet wurde. Es besteht aus schnittfestem Stärke-Gel mit Wasser, Soja- und Milcheiweiß, in das kleine Fleischstücke eingebettet sind.

Hennen in grausamer Käfighaltung

Thema Eier: Sind Sie auch zufrieden, dass in der EU ein Verbot der grausamen Legebatterien erreicht wurde? Trotzdem werden in der heimischen Lebensmittelindustrie Tonnen an ausländischen Käfig-Eiern verarbeitet. Klar, weil sie billiger sind. Diese landen dann in Keksen, Tiefkühltorten oder Fertiggerichten und somit doch auf unseren Tischen und in unseren Mägen.

Auch ist vielen Konsumenten nicht bewusst, welche Mengen an künstlichen Hilfsstoffen sie über das Essen in Lokalen und Gaststätten in ihren Organismus aufnehmen. Manche Gastronomen halten sich nicht an gesetzliche Vorgaben und deklarieren Geschmacksverstärker und Farbstoffe in ihren Speisen nicht. Dazu gibt es auch legale Tricks: Schwefeldioxid (E 224) und Glutamat können beispielsweise in Form von Hefeextrakt verwendet werden. So wird aus einem Zusatzstoff eine Zutat und diese unterliegt nicht mehr der gesetzlichen Deklarationspflicht.

Otto von Bismarck soll einst gesagt haben: »Je weniger die Leute davon wissen, wie Würste und Gesetze gemacht werden, desto besser schlafen sie.«

Unsere moderne Ernährung in Verbindung mit der sitzenden Lebensweise wird bereits für eine Fülle an Zivilisationskrankheiten verantwortlich gemacht: Bluthochdruck, Diabetes, Fettsucht, Krebs und koronare Herzerkrankungen (Schlaganfall, Herzinfarkt). Dieser Missstand ruft natürlicherweise Gegenbewegungen auf den Plan – wie zum Beispiel Slow Food, Veganismus und Vegetarismus – sowie ein Ausprobieren anderer Ernährungsformen (nach der traditionellen chinesischen Medizin TCM, Ayurveda etc.).

Es geht darum, dass der Einzelne wieder ein Bewusstsein für das einfache, natürliche Essen entwickelt und dabei eine Wertschätzung für Bäuerinnen, Händler und Gastronomen, die qualitätsvolle Lebensmittel bereitstellen – auch wenn es etwas mehr kostet. Als Konsumenten entscheiden wir täglich mit! Lernen wir aus der Geschichte und schauen wir uns die Lebensmittel an, mit denen wir als Menschheit »groß« geworden sind. Die uns über Jahrhunderte oder gar Jahrtausende gedient und unser Gedeihen gesichert haben.

Speisen rund um den Erdball

Die Art und Weise der Ernährung wurde im Laufe der Jahrtausende ein wichtiger Bestandteil der menschlichen Kultur. Besonders im Urlaub werden uns die unterschiedlichen Tischsitten, regionale Spezialitäten, aber auch Rituale ums Essen bewusst und tragen zum Reiz einer Reise bei. Was in dem einen Land als höflich gilt, kann an anderen Orten ein peinlicher Fauxpas sein, so das Rülpsen, Spucken oder Essen mit den Fingern. Selbst in unseren Breiten galten früher andere Manieren. Gabeln wurden von kirchlichen Kreisen lange als Werkzeug des Teufels verdammt. Ihre Verwendung ist bei uns eigentlich erst ab dem 17. Jahrhundert üblich – und heutzutage bereits wieder im Abnehmen – was auf den Siegeszug des Fast Food zurückzuführen ist. In der Tat essen nur etwa 500 Millionen Menschen auf der Welt mit Messer und Gabel. Über eine Milliarde Menschen verwenden Stäbchen und die absolute Mehrheit isst mit den Fingern – wie eh und je.

Sowohl bei den verwendeten Rohstoffen als auch bei der Art der Zubereitung gibt es große Unterschiede in den Küchen rund um den Erdball. Picken wir uns aus der Fülle an Beispielen ein paar exemplarisch heraus:

In der *japanischen Esskultur* wird besonderer Wert auf die Reinheit des Geschmacks und die Ästhetik von Farben und Formen gelegt. Es entstehen präzise angelegte »Gärten« auf dem Teller, essbare Kunst, die vorzugsweise auf schwarzen Lacktischen serviert wird. Die Gäste sitzen auf Reismatten am Boden. Besonders wichtig sind die Produkte des Meeres, Reis und Gemüse, die gerne roh genossen werden. Bei uns bekannt sind Sushi und Maki (Algenröllchen).

In der **indischen Esskultur** wird Fleisch sparsam eingesetzt. Besonders Rindfleisch wird von Hindus und Sikhs aus religiösen Gründen strikt abgelehnt, Schweinefleisch wiederum von Moslems. Wichtig sind Hülsenfrüchte, Reis, Ghee (Butterschmalz) sowie die vielfältigen Gewürze, die in den wohlschmeckenden Currys und Chutneys Verwendung finden. Dank der regen Handelsbeziehungen entlang der Seidenstraße weist die traditionelle **persische Küche** viele Ähnlichkeiten mit der indischen auf, jedoch wird milder gekocht. Auch hier finden wir Basmatireis als einen wichtigen Bestandteil. Die Gerichte werden beispielsweise durch Granatapfelsaft, Limette, Kurkuma oder Koriander geschmacklich verfeinert.

In **China** entwickelten sich etliche regionale Küchen parallel. Gemeinsam ist ihnen, dass sie auf Milchprodukte verzichten. Die Laktose-Intoleranz ist in vielen asiatischen Völkern weit verbreitet. Berühmtberüchtigt wurde die chinesische Küche bei uns unter anderem durch ihren kreativen Fleisch-Einsatz: Katzen, Hunde, Schlangen und Insekten können mitunter auf dem Teller landen.

Eine ganz andere Kultur finden wir in den **nördlichen Gebieten der Erde,** wo die klimatischen Bedingungen keinen Ackerbau zulassen. Die Inuit aus den Polarregionen lebten traditionell von der Jagd auf Fische, Robben und Wale. Der gebräuchliche Name »Eskimo« heißt übersetzt: Rohfleischesser. Aus Mangel an Brennholz wurde das erlegte Fleisch entweder roh konsumiert oder in getrockneter Form.

Im **Subsahara-Afrika** wird als Grundlage der Mahlzeiten meist ein Brei aus zerstoßenem Getreide serviert (Hirse, Mais). Dieser wird dick eingekocht und mit den Fingern gegessen. Dazu serviert man Eintöpfe mit Früchten, Gemüse, Fisch oder Fleisch. Oft bildet Erdnussbutter die Grundlage.

Die in **Mexiko** lebenden Maya nennen sich selbst »Kinder aus Mais«. Neben dem Mais besteht ihre Küche vorwiegend aus einfallsreich gewürztem Fisch, Bohnen, Wild und Kürbis.

Im **Amazonasgebiet** wiederum ernähren sich die Yanomami-Indianer vor allem von Maniok und Essbananen. Dazu kommen Kulturpflanzen wie Taro und Papaya, die sie mit auf der Jagd erlegten Wollaffen, Tapiren oder Gürteltieren ergänzen.

Die **Aborigines,** Ureinwohner Australiens, waren vor der Besiedelung durch die Europäer ausschließlich Jäger und Sammler. Das traditionelle Bush Food bestand aus einer Vielzahl von heimischen Pflanzen wie Buschtomaten, Buschbananen, den Wurzeln von Orchideen und Yams. Während die Frauen Gemüse und Beeren sammelten und Buschbrot backten, gingen die Männer auf die Jagd nach Kängurus, Ameisenigeln oder Vögeln. Auch Maden und Insekten kamen auf den Speiseplan.

Diese wenigen willkürlich herausgegriffenen Beispiele zeigen es schon: Die Vielfalt der regionalen Küchen rund um den Erdball ist unglaublich groß. Doch welche Küche ist die beste? Wohl meistens die eigene. Denn die regionalen Küchen haben sich perfekt an das Nahrungsangebot, das Klima, die Landschaft und den Charakter der örtlichen Menschen angepasst.

Nur eine Küche scheint Anspruch darauf zu erheben, die Königin der ganzen Welt zu sein: die französische. Im Jahr 2010 wurde sie von der UNESCO in die Liste des immateriellen Welterbes aufgenommen. Mit dieser Entscheidung bewertete die Jury nach eigenen Angaben jedoch nicht bestimmte Rezepte, sondern das Ritual des Essens an sich, mit dem in Frankreich »die wichtigsten Augenblicke des Lebens von Menschen und Gruppen gefeiert werden«[7].

7 www.zeit.de/lebensart/essen-trinken/2010-11/frankreich-kueche-weltkulturerbe

Essen und Rituale

Essen war von Anbeginn der Menschheit eine heilige Handlung. Das Wort »heilig« stammt von »heil« und »ganz« ab. Der Akt des Miteinander-Essens verbindet – sowohl sozial mit anderen Menschen als auch seelisch-geistig mit den Göttern oder der Quelle des Lebens. Die Beschaffung der Nahrungsmittel, deren Zubereitung und Einverleibung war traditionell mit bestimmten Ritualen verbunden. Im animistischen Weltbild der frühen Menschheit wurde jeder Teil des Kosmos, ob Stein, Pflanze, Tier oder Mensch, als beseelt wahrgenommen. Bis heute bitten Jäger indigener Stämme den Geist ihres Beutetiers um Erlaubnis, bevor sie es töten. Ebenso danken die Frauen der Seele ihres Landes, Mutter Natur oder auch spezifischen Ortsgeistern, bevor sie mit der Getreideernte beginnen. Einige Rituale rund um den Ackerbau haben sich bei uns ebenfalls bis in die heutige Zeit erhalten wie das Johannifeuer zu Sommeranfang oder das Erntedankfest zur Herbst-Tag- und Nachtgleiche.

Schon immer haben die Menschen wichtige Ereignisse in der Gemeinschaft mit einem rituellen Festessen besiegelt, ob an Weihnachten, Geburtstagen, zu Hochzeiten oder Firmenfeiern und politischen Anlässen – ja selbst zum Begräbnis eines Familienangehörigen gab und gibt es einen Leichenschmaus. In manchen traditionellen Kulturen werden in diese Essensrituale auch die eigenen Ahnen oder Gottheiten mit eingeladen. Sie bekommen ebenfalls einen Teller mit einer kleinen Portion Essen zugewiesen. Auf den Philippinen kampieren zu Allerheiligen ganze Großfamilien am Grab ihrer Verstorbenen. Es herrscht Partystimmung mit Speis und Trank, um die Ahnen zu erfreuen.

Wie sieht es heute mit unseren alltäglichen Mahlzeiten aus? Auch diese werden von vielen, teils unbewussten Ritualen begleitet: das Vorbereiten des Tisches, die Sitzordnung, der Ablauf. Früher war es vielerorts üblich, Beginn und Ende des Essens durch ein Tischgebet zu markieren. Gerade in Zeiten des Fast Food weisen Psychologen deutlich darauf hin, dass ein klarer Ablauf der Mahlzeiten, speziell für Kinder, wichtig ist. So bekommen der Tag und die gemeinsam erlebten Stunden eine klare Struktur.

Manche Kulturen haben das Ritual einer Mahlzeit zu einer besonderen Kunstform entwickelt. Ein Beispiel dafür ist die *japanische Teezeremonie:* Sie steht in ihrem Geist dem Zen nahe und besteht aus einer komplexen Abfolge von Handlungen, in denen der Gastgeber seinen Besuchern Tee und leichte Speisen anbietet. Idealerweise findet die Zeremonie in dem schlichten Ambiente eines Teehauses statt inmitten eines Gartens, der ebenfalls zur Innenschau einlädt.

Essen spielt bei der **christlichen Liturgie** eine wichtige Rolle. Am Höhepunkt der Eucharistiefeier wandelt der Priester Brot und Messwein in den Leib und das Blut Christi. So wird des letzten Abendmahls Jesu mit seinen Jüngern gedacht und dessen transformatorische Kraft ins Leben der Kirchenbesucher gerufen. Auch in allen anderen Religionen gibt es zu den wichtigen Festen symbolisch aufgeladene Getränke und speziell gefertigte Speisen zu kosten.

Nahrungstabus sind Tiere und Pflanzen, die zwar prinzipiell essbar sind, doch von Menschen eines bestimmten Kulturraumes gemieden werden. Ein Beispiel dafür ist Katzenfleisch auf dem Teller, das in der westlichen Gesellschaft Ekel und Brechreiz erzeugt, in anderen Regionen aber als Delikatesse gilt.

    Die meisten Nahrungstabus sind tierischen Ursprungs. Laut Wikipedia gelten die Chinesen weltweit als das Volk mit den wenigsten Nahrungstabus, in Europa die Franzosen. Viele Nahrungstabus sind

religiöser Natur, wie beispiels-
weise die heiligen Rinder bei den
Hindus oder bei den Juden das
Verbot von der Verwertung des
Blutes, das als Sitz der Seele des
Tieres gilt und beim rituellen
Schächten der Erde übergeben
wird. Essbare, doch an vielen
Orten mit einem Tabu belegte
Tiere sind unter anderem Frö-
sche, Hunde, Insekten, Pferde,
Ratten, Schildkröten, Singvögel
oder Spinnen.

Froschschenkel

Als historisches Beispiel eines
Pflanzentabus gilt die Vermei-
dung von Bohnen bei den Py-
thagoreern. Aristoteles erwähnt
als möglichen Grund, dass die
Bohne den Genitalien ähnle.[8] Im
antiken Griechenland galt der
Verzehr von Knoblauch als un-
erwünscht und Knoblauchesser
waren von kultischen Handlungen ausgeschlossen. Knoblauch
und Zwiebeln werden heutzutage in vielen Ashrams (östlichen
Meditationszentren) wegen ihrer
starken energetischen Eigen-
schwingung aus dem Speiseplan
verbannt.

8   Dye, James: Explaining Pythagorean Abstinence from Beans,
    unter: http://users.ucom.net/~vegan/beans.htm

Besonders viele Tabus gibt es um die sogenannten **Genussmittel** (keine Nahrung im klassischen Sinne). Während das Konsumieren von Alkohol und Nikotin bei uns gesellschaftlich anerkannt ist, kann die Einnahme von Haschisch, Opium oder ähnlichen Substanzen Probleme mit der hiesigen Polizei nach sich ziehen. Genussmittel waren schon immer wichtige Bestandteile aller menschlichen Kulturen. Im Gegensatz zu dem Wildwuchs der heutigen Drogenszene in den Großstädten sind Rauschmittel bei indigenen Völkern in strenge Ritualabläufe eingebunden. Die Dschungelliane *Ayahuasca* oder die *psilocybin*-haltigen »Zauberpilze« Lateinamerikas – sie alle dienten nicht vordringlich dem eigenen Lustgewinn, sondern der Heilung von Menschen oder der Erweiterung des Bewusstseins während einer schamanischen Reise.

Schlafmohn (Papaver somniferum)
Spitzkegeliger Kahlkopf
(psilocybe semilanceata)

42

Das stärkste Nahrungstabu betrifft jedenfalls das Fleisch des Menschen selbst. Allerdings existieren aus der Frühzeit der menschlichen Entwicklung archäologische Funde, die auf eine weitläufige Verbreitung von **Kannibalismus** hinweisen. Rituelle Menschenopfer wurden in vielen Hochkulturen zelebriert und Gefangene in Kriegszeiten oftmals verspeist. Besonders bekannt ist der Opferkult der Azteken, der zigtausende Menschenleben gefordert hat. Nach deren Glauben sicherte Menschenblut den steten Lauf der Sonne.

Das Verspeisen der Asche der Ahnen gilt bei verschiedenen indigenen Stämmen als wirkungsvolles Ritual, um die Seele der Verstorbenen im Körper der Nachkommen zu erhalten. Kannibalismus kommt auch in Krisensituationen vor, um dem Hungertod zu entgehen (z. B. bei Schiffbrüchen oder Flugzeugabstürzen). Die Ablehnung von Kannibalismus wird heutzutage als wichtiger Maßstab für Zivilisation angesehen.

Gemüse und Obst zurück in die Städte

Es ist erst eine neue Entwicklung in der Geschichte der Menschheit, dass unser Essen nicht mehr dort produziert wird, wo wir leben. Erdbeeren aus Spanien, Rindfleisch aus Argentinien, Hirse aus China, … Neben der Verminderung der energetischen Qualität der Produkte durch die langen Transportwege geht auch der emotionale Bezug zur Erde, dem Land, das uns Nahrung schenkt, schrittweise verloren. Es gibt tatsächlich Kinder, die glauben, dass alle Kühe lila sind (wie die Milka-Kuh) oder dass Chicken Nuggets von Hühnern gelegt werden. Durch den Strukturwandel in den industrialisierten Ländern hat die Landwirtschaft viel von ihrer gesellschaftlichen Bedeutung verloren. Ihr Anteil am Bruttoinlandsprodukt beträgt nur mehr 1–2 % und ähnlich niedrig fällt der Anteil der Beschäftigten aus. Im Jahr 1950 erzeugte ein Landwirt in Deutschland (West) noch Lebensmittel für 9 weitere Personen. Im Vergleich dazu ernährt er Anfang des 21. Jahrhunderts 140 Mitmenschen.[9] Das sieht nach Effizienz aus. Wahr ist daran, dass der Anteil kleinerer Höfe ständig abnimmt, begründet in der zunehmenden Technisierung der Landarbeit, die sich nur für große Einheiten lohnt. Hier gilt dann, dass Arbeit, die nicht von Maschinen übernommen werden kann, an familienfremde Arbeitskräfte vergeben werden muss, was aber zu teuer wird. Kleine Höfe überleben meist nur, indem sie soziale Aufgaben in ihre landwirtschaftlichen Arbeitsbereiche integrieren, um mit artfremden Einnahmen den Betrieb zu erhalten. So gibt es gerade im Demeterbereich viele Höfe, die mit Behinderten arbeiten.

---

9 Bundesministerium für Ernährung, Landwirtschaft und Verbraucherschutz: Die deutsche Landwirtschaft – Leistungen in Daten und Fakten, Ausgabe 2010, S. 16

Bei großen, weit entfernten Produktionsstätten, die industriemäßig mit Maschinen beackert werden, verliert der Einzelne den Bezug zu seiner Nahrung und damit seine Autarkie, was den Menschen dann besonders in Krisenzeiten schmerzhaft bewusst wird. Daher setzt seit einiger Zeit eine Gegenbewegung ein, welche die Essenserzeugung wieder in die Nähe der Wohnorte bringen möchte. Food Coops (Lebensmittel-Kooperativen), Guerilla Gardening, Bauernläden und Gemüsekisten-Zustellung sind aktuelle Schlagworte dazu. Trotz Behinderungen durch die EU-Gesetzgebung entschließen sich Gärtnereien und Vereine, altes Saatgut zu sichern und weiterzuentwickeln.

Schaugarten der Arche Noah in Schiltern, Österreich

In Österreich ist in dem Zusammenhang der Verein **Arche Noah** (siehe auch Bild vorhergehende Seite) zu nennen, der schon früh damit begonnen hat, einen großen Schaugarten mit Obst- und Gemüseraritäten anzulegen. Durch ein umfangreiches Bildungsprogramm wird das gesammelte Wissen an die Bevölkerung weitergegeben. In der Schweiz übernimmt die Stiftung Pro Specie Rara diese Aufgabe, in Deutschland die Bingenheimer Saatgut AG, Dreschflegel GbR und e. V. und andere.

Haben Sie schon einmal eine »Samen-Bombe« geworfen? Beim **Gueril-la Gardening** hält die Stadtgärtnerin Ausschau nach einem verwahrlosten Stück Land, um dieses nach Lust und Laune zu besäen. Soll es bunt blühen, gut riechen und ein Paradies für Bienen sein? Oder soll darauf Gemüse heranwachsen? Praktisch sind hierfür sogenannte »Seed Balls«. Sie müssen nicht eingegraben werden, sondern werden einfach im Vorbeigehen auf den Boden geworfen. Bauanleitungen finden sich im Internet.[10]

Gerade in den Städten wächst die Lust, brachliegende Freiflächen zur gemeinschaftlichen Lebensmittelproduktion zu nutzen und so den Bewohnern die Herkunft ihres Essens örtlich und emotional näherzubringen. Eines der bekanntesten Beispiele ist der **Prinzessinnengarten** in Berlin. Seit 2009 bauen dort Robert Shaw und Marco Clausen mit anderen begeisterten Gartenfreaks Bäckerkisten mit Erde zu flexiblen Hochbeeten um. Hochbeete sind die praktische Antwort auf einen von Schadstoffen der Großstadt kontaminierten Boden. In einem Baucontainer auf dem Gelände wurde eine Küche untergebracht, wo aus der Ernte gleich vor Ort ein schmackhaftes Mittagsmenü für die Besucher gezaubert wird. Mit der Zeit entstand durch das gemeinsame Pflanzen, Ernten und Essen ein sozialer Treffpunkt im Viertel. Nahrung verbindet eben!

Auch am Flugfeld Tempelhof mitten in Berlin entstand 2011 ein Pionierprojekt: das **Allmende-Kontor.** Gegärtnert wird auf mobilen Hochbeeten aus geschenkten Materialien. Die Initiative Social Seeds pflanzt dort besonders seltene und regionale Sorten an und zeigt den Berlinern, wie sie aus ihrem Gemüse Samen gewinnen können. **Frau Gerolds Garten** ist ein Gelände gleich neben den Gleisen des Hauptbahnhofs Zürich. Hier wurde mit gestapelten Hochseecontainern, Zelten und Hochbeeten eine Mischung aus Kunstprojekt und

10 z. B. auf der Homepage www.gruenewelle.org

Kräutergarten realisiert. Es wird gejätet, gekocht und miteinander diskutiert. Die freiwilligen Helfer haben die Möglichkeit, sich von Garten-Experten vor Ort das nötige Knowhow anzueignen, um selbst zum Stadtgärtner zu werden.

Ausgehend von einer Initiative des Filmarchivs entstand 2010 im **Wiener Augarten** ein Bürgergartenprojekt. Beete wurden bepflanzt und Kinder dürfen mitten in der Stadt nach Herzenslust in der Erde wühlen. Daraus entwickelte sich das Projekt Grünstern, das verschiedene kooperative Landwirtschaftsmodelle rund um Wien unter dem Motto »Die Stadt ernten« vernetzt.

Ebenfalls im herrschaftlichen Garten des Schlosses Schönbrunn, der Sommerresidenz von Kaiserin Maria Theresia, hat das gemeinschaftliche Gärtnern Einzug gehalten. Mit Hilfe der Gartenbauschülerinnen gibt es in der **City Farm Schönbrunn** nun eine bunte Gemüsevielfalt, einen Obstgarten und einen Märchenwald zu entdecken.

Dasselbe Phänomen ist in vielen anderen Großstädten anzutreffen: Gemeinschaftsgärten sprießen nur so aus dem Boden. Bei brachliegenden Flächen geht es auch um politische Forderungen: Das Land soll den Menschen der Gegend gehören und nicht Gegenstand von Bodenspekulationen sein. Die Menschen wollen ihre Nahrungsautarkie zumindest teilweise wieder haben und in ihrem »täglich Brot« nicht mehr so abhängig von Großkonzernen sein. 2011 zeigte das Architekturzentrum Wien in einer großen Ausstellung (»Hands-On Urbanism« – vom Recht auf Grün) die Geschichte der Landnahme

im öffentlichen Raum. In Krisenzeiten fanden Stadtbewohner immer wieder originelle Lösungen, um sich im Selbstbau mit dem Notwendigsten zu versorgen. Das führte zu neuen Formen des Zusammenhalts, der Verteilungsgerechtigkeit und der Nachbarschaftspflege. Die Ausstellung dokumentierte, mit welchen Widerständen solche Initiativen zu kämpfen haben. Andererseits können ebenso kleine Projekte den Anstoß zu überfälligen Gesetzesänderungen und zur Adaptierung von Stadtplänen geben.

Essbare Städte: In **Andernach** in Deutschland gibt es seit 2010 ein außergewöhnliches Projekt. Öffentliche Grünflächen werden dazu genutzt, eine Vielfalt an Gemüse- und Obstpflanzen anzubauen, bei denen sich die Bürger gerne bedienen können. Auch Samen alter Nutzpflanzen werden produziert, um die Artenvielfalt in der Region zu erhalten. Die anfangs befürchteten Akte von Vandalismus blieben erfreulicherweise aus. Im Gegenteil, es wuchsen der Stolz und die Identifikation der Bevölkerung mit ihrer fruchtbaren Stadt.[11]

11 mehr dazu unter
    http://www.andernach.de/de/leben_
    in_andernach/essbare_stadt.html

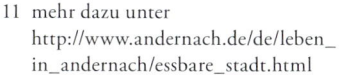

Auf der Internetplattform **Mundraub**[12] finden sich in Vergessenheit geratene Obstbäume im öffentlichen Raum, die frei beerntet werden dürfen. Neue Fundstellen können von den Nutzern über eine interaktive Karte selbst eingetragen werden. Hintergrund dazu ist der Allmende-Gedanke, wo alle Gemeindemitglieder ein Recht auf die Nutzung des Gemeindeguts haben. In Wiener Neustadt südlich von Wien wurde im Oktober 2012 mit der Pflanzung von Obstbäumen auf Gemeindeflächen begonnen. Ziel der gemeinnützigen Aktion von Martin Mollay ist es, seine Stadt »Obst-autark« zu machen.[13]

Bauernmärkte werden wieder beliebter. Manche Landwirte liefern ihren Kunden die Frischware sogar bis vor die Haustüre, mittels sogenannter **Gemüsekisten.** Sie können praktisch über das Internet abonniert und laufend an den aktuellen Bedarf angepasst werden.[14] Viele Bauern bieten ihren Kunden Exkursionen auf die Felder an, damit diese sich von den Wuchsbedingungen des Gemüses überzeugen können.

Im nördlichen Burgenland in der Gemeinde Parndorf ist 2010 der erste **Earth Market** des deutschsprachigen Raumes entstanden. Ausgehend von einer Initiative der italienischen Slow-Food-Bewegung wird in ländlichen Gebieten ein Netzwerk von Knotenpunkten aufgebaut, wo Bauern und Handwerksbetriebe ihre Produkte gemeinsam vorstellen und verkaufen. Dadurch fördern sie Bewusstsein und Wertschätzung für die lokale Wirtschaft in der dort wohnenden Bevölkerung.[15]

Immer mehr Bürger schließen sich zu selbst verwalteten **Lebensmittelkooperativen** (Food Coops) zusammen. Sie kaufen ihre Produkte gemeinsam von Bauernhöfen, Imkereien und Gärtnereien aus der Region. Dadurch wird der Einkauf günstiger. Der persönliche Kontakt zu den Produzenten gibt ihnen die Sicherheit, dass ihre Lebensmittel ökologisch nachhaltig und sozial fair gewachsen sind.

Community Supported Agriculture (CSA) geht noch einen Schritt weiter: Hier übernimmt eine Anzahl von Konsumenten das laufende Jahresbudgets eines Bauernhofes durch Vorfinanzierung. Der Bauer versorgt sie im Gegenzug mit seiner Ernte. Beide Seiten bilden eine Wirtschaftsgemeinschaft, die Erfolge, aber auch Ernteausfälle gemeinsam trägt.

12 www.mundraub.org
13 www.obststadt.at
14 In Wien bietet diesen Service unter anderem der Adamah Biohof an.
15 www.marktdererde.at und www.earthmarkets.net

Gärtnern in der Stadt

Jahrelang galt der eigene Gemüsegarten als Inbegriff des rückständigen Kleinbürgers. Erfreulicherweise ändern sich die Zeiten und immer mehr Menschen finden wieder Spaß daran, in der Erde zu »wühlen«. Jede zweite in Deutschland verzehrte Tomate stammt heute aus einem Hobbygarten. In Österreich bauen 80 % aller Gartenbesitzer eigenes Gemüse an.[16] Selbst wenn Sie eingefleischter Städter sind, gibt es viele Möglichkeiten, den eigenen »grünen Daumen« zu testen. Zu Beginn könnten Sie es mit ein paar Lieblingskräutern am Fensterbrett probieren oder mit einem Keimapparat für Sprossen. Haben Sie einen Balkon? Aus einer alten Bäckerkiste lässt sich im Handumdrehen ein Pflanztrog basteln. Wenn Sie dort Blattgemüse (wie Spinat, Asia-Salate oder Rucola) anbauen, ist Ihnen ein schnelles Erfolgserlebnis sicher. Diese dankbaren Pflanzen können laufend beerntet und monatlich nachgesät werden. Gerade in der Stadt gibt es oft das Bedürfnis für mehr Sichtschutz zum Nachbarn. In dem Fall ist die Stangenbohne praktisch. Sie wächst zügig und ist leicht zu kultivieren (wenn man auf den nötigen Windschutz achtet).

Das Lieblingsgemüse auf vielen Balkonen und Terrassen ist eindeutig die Tomate. Sie mag das warme Klima in den Städten. Achten Sie trotzdem darauf, die Vorkultur nicht zu früh auszupflanzen. Der Topf muss groß genug sein, die Erde nährstoffreich und der Standort sonnig. So wie sich Tomaten und Basilikum auf der Pizza gut vertragen, so sind sie auch im Topf harmonische Nachbarn. Also setzen Sie die beiden ruhig zusammen. Balkone sind ebenso hervorragend dafür geeignet, ein paar essbare Blütenpflanzen in Töpfen oder Trögen

16 Heistinger, Andrea: Der wilde Gärtner, S. 12

anzubauen. Kapuzinerkresse, Begonie, Dahlie oder Pelargonie sind sowohl ein Augen- als auch ein Gaumenschmaus. (Achtung: keine konventionell gezüchteten Blumen aus dem Baumarkt essen – Spritzmittel!) Über Blütenpflanzen freuen sich nicht zuletzt die Bienen. Sie gelten als drittwichtigstes landwirtschaftliches Nutztier, denn 80 % der Pflanzen sind auf eine Bestäubung durch sie (und andere Insekten) angewiesen.

Wichtig für den gärtnerischen Erfolg ist die richtige Erde für die jeweilige Pflanze. Kräuter sind sogenannte Schwachzehrer. Hier sollte das Substrat mit Sand gemischt werden. Starkzehrer wie Tomate oder Paprika lieben zusätzliche Gaben von Regenwurmkompost. Eine

Jauche aus Brennnesseln wird gerne angenommen und durch größeren Ertrag gedankt. Bei manchen sonnigen Balkonen ist die Versorgung der Pflanzen mit genügend Wasser ein Thema (z. B. zur Urlaubszeit). Klug ist es, bei Kübelpflanzen gleich von vornherein ein Wasserreservoir einzubauen. Dazu füllen Sie zuerst eine Schicht Blähtonkugeln (Lecakugeln) in den Behälter. Darauf kommen ein Trennvlies (erhältlich im Baumarkt) und danach erst das Substrat. Der Wasserablauf des Kübels sollte etwas über der Blähtonschicht liegen.

Manche Pflanzen brauchen zum guten Gedeihen viel Erdvolumen. Vielleicht sind Sie ja bereits stolze Besitzerin eines

Gartens oder beteiligen sich an einem Gemeinschaftsprojekt? Wenn nicht, gibt es trotzdem immer Möglichkeiten. Ich persönlich machte letztes Jahr etwas »Ungehöriges« und stach in unserer Wohnhausanlage einfach ein Stück Rasen um. Natürlich wählte ich den Platz weise: Er sollte sonnig sein und am Rand des Grundstückes liegen, damit niemand daran Anstoß nehmen kann. Gemeinsam mit meinem Sohn und den Nachbarn pflanzten wir Kartoffeln, Salat und Erdbeeren an. Die Ernte war gut und das »Kinderbeet« ein Anlass, sich immer wieder zu treffen.

Wer ein weiterführendes Interesse am Gärtnern hat, findet in den Büchern zu Permakultur viele Anregungen. Auch das Thema »Effektive Mikroorganismen« finde ich sehr spannend. Im Internet klicke ich immer wieder gerne auf die Seite von Lisa Pfleger und Michael Hartl. Sie bewirtschaften einen kleinen bio-veganen Bauernhof ganz ohne Maschinen und verfolgen so ihren Traum von Selbstversorgung und naturnahem Leben. Wie es ihnen bei ihrem »Experiment Selbstversorgung« geht, dokumentieren sie laufend auf ihrem Blog.

Ob wir nun Pflanzen am Fensterbrett kultivieren oder ein ganzes Feld bewirtschaften – immer geht es darum, die Natur als lebendiges Gegenüber wahrzunehmen. Kulturpflanzen haben ihre eigene Sprache, in der sie uns mitteilen, was ihnen guttut und was sie zum Gedeihen benötigen.

Der Darm ist ein Gemüsegarten

Was passiert eigentlich mit der Nahrung, die wir aufnehmen? Wie macht unser Körper das bloß, Fremdkörper in eigenes »Fleisch und Blut« umzuwandeln? Und das nicht zu knapp, denn jeden Monat essen und trinken wir ungefähr unser eigenes Körpergewicht![17] Dazu muss das aufgenommene Nährstoff-Puzzle in kleinste Bausteine zerlegt werden. Erst dann kann es die Wände unseres Verdauungstrakts durchdringen und vom Blut in die Körperzellen transportiert werden.

Beginnen wir von vorne: Das Aufschließen der Nahrung startet in der **Mundhöhle,** mittels der Zähne und des Speichelsafts. Seine Enzyme spalten die stärkehaltigen Kohlenhydrate in einfachere Zuckermoleküle. Bereits beim Kauen der Nahrung entscheidet es sich also, ob unsere Verdauung effizient laufen wird und dem Körper später ein Großteil der Inhaltsstoffe als Energie zur Verfügung gestellt werden kann. Sicher, gut kauen braucht Zeit, doch wie sagte Augustinus von Hippo: »Die Dinge entfalten erst ihre Wirklichkeit, wenn man sie genießt, und niemals, wenn man sie nur gebraucht.«

Die eigentliche chemische Verdauung beginnt im **Magen,** wo die Nahrung mit Salzsäure, Schleim und Wasser verknetet wird. Enzyme beginnen mit dem Aufschließen der Proteine, und unerwünschte Bakterien, die durch das Essen in unseren Körper eingedrungen sind, werden abgetötet. Nachdem der Nahrungsbrei zwischen einer halben und sechs Stunden im Magen verbracht hat, wird er portionsweise in den **Zwölffingerdarm** transportiert. Dafür ist der sogenannte Pförtner zuständig. Nun treten die Wirkstoffe von Leber, Gallenblase und Bauchspeicheldrüse in Aktion. Schritt für Schritt werden zunächst die

17 Münzing-Ruef, Ingeborg: Kursbuch gesunde Ernährung, S. 12

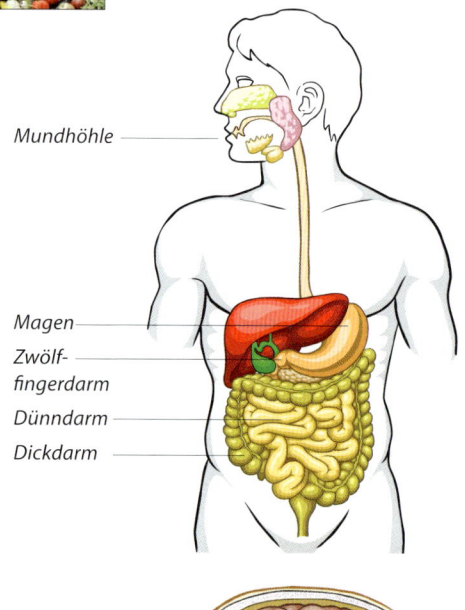

Mundhöhle

Magen

Zwölf-
fingerdarm

Dünndarm

Dickdarm

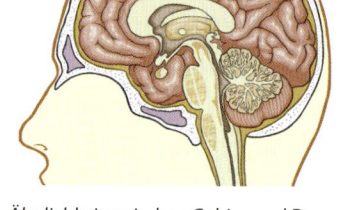

Ähnlichkeit zwischen Gehirn und Darm

Kohlenhydrate, dann die Proteine (Eiweiße) und zuletzt die Fette aufgespalten. Der Brei gelangt dann weiter in den **Dünndarm,** ein wahres Wunderwerk der Natur. Wissenschaftler haben berechnet, dass seine tausendfach gefältelte, zottige Schleimhaut ausgebreitet die Fläche eines Fußballfeldes einnimmt. Der Darm ist die größte Kontaktfläche des Menschen mit seiner Umwelt. Eine Vielzahl an Abwehrzellen unseres Immunsystems achten darauf, dass unsere Gesundheit trotz der Fremdstoffe im Darm intakt bleibt. Auch ist der mit Salzsäure versetzte Nahrungsbrei sehr aggressiv. Selbst ein Stahlrohr wäre auf Dauer nicht in der Lage, ihm standzuhalten. Dem Darm gelingt dieses Kunststück durch eine Schicht aus Schleim und Mikroorganismen, deren Zellen sich beständig erneuern.

Die ins Blut aufgenommenen Nährstoffe werden entweder durch chemische Reaktionen in den Zellen umgewandelt und damit zum Baumaterial für unseren Körper. Oder sie dienen der Erzeugung von Energie, beispielsweise als Körperwärme, Muskel- oder Gehirnnahrung. Ebenso zur Entgiftung der Zellen wird viel Energie benötigt. Die aufgenommene Nahrung wird allgemein in zwei Kategorien un-

terteilt: in die **Makronährstoffe,** die wir in großer Menge benötigen (Kohlenhydrate, Eiweiß, Fett und Wasser) und in die **Mikronährstoffe** (Vitamine, Mineralstoffe). Wichtig sind auch die enthaltenen **Ballaststoffe,** die viel Positives im menschlichen Körper bewirken: Zunächst verlängern sie die Kautätigkeit und die Verweildauer des Nahrungsbreis im Magen. Dadurch fühlen wir uns länger satt. Dann verkürzen sie die Transitzeit im Dickdarm. So wird die Einwirkung von kanzerogenen Substanzen auf die Darmschleimhaut verkürzt. Und sie binden Gallensäuren, was den Cholesterinspiegel senkt. Bedauerlicherweise isst der Durchschnittsbürger viel zu wenig Ballaststoffe (empfohlene Menge pro Tag: 30 g).

Im unverarbeiteten Obst und Gemüse gibt es zusätzlich noch eine Vielzahl an **sekundären Pflanzenstoffen** (auch Phytamine genannt), die unserem Essen den charakteristischen Geschmack, seine Farbe und Heilwirkung verleihen. Pflanzen entwickelten diese Stoffe zum Selbstschutz gegen Bakterien, Viren oder gegen freie Radikale, wie sie zum Beispiel durch Sonneneinstrahlung entstehen. Flavonoide sind mengenmäßig die am häufigsten auftretenden sekundären Pflanzeninhaltsstoffe in höheren Pflanzen. Bislang sind etwa 6 500 Verbindungen bekannt. Sie sind für uns Menschen sehr nützlich. Neue Studien zeigen, dass der positive Effekt von Obst und Gemüse bei der Krebstherapie nicht nur den Vitaminen, sondern in hohem Maße den sekundären Pflanzenstoffen zugeschrieben werden kann. Folglich minimiert die Einnahme von chemischen Vitaminpräparaten nicht unbedingt dieses Krankheitsrisiko. Halten Sie sich besser an die alte Regel und essen Sie die ganze Frucht beziehungsweise das ganze Korn. Die höchste Konzentration an Flavonoiden befindet sich in der Schale beziehungsweise in den äußeren Blättern (zum Beispiel beim Salat, ungünstigerweise sammeln sich hier aber auch die meisten Schadstoffe und das Nitrat, dass sich u. U. in Nitrit umwandelt). Biowaren können hier weitgehend aus dem Dilemma helfen. Je saftiger die Frucht und je reifer das Gemüse bei der Ernte, umso höher ist der Anteil an heilenden Substanzen.

Laut Studien erreichen 95 % der deutschen Bevölkerung nicht einmal die Mindestempfehlung von 500 – 800 g an frischem Obst und Gemüse pro Tag. Wahrscheinlich enthält unsere tägliche Nahrung durch die Ausbeutung der Böden heute deutlich weniger Vitalstoffe als früher. Also kann die Einnahme von Ergänzungspräparaten doch Sinn machen, wenn diese möglichst aus vollwertigen Naturstoffen in biologischer Qualität und in schonendem Kaltverfahren hergestellt wurden. Es gibt hier Erfolge bei Krebsleiden, Burnout, Demenz-Erkrankungen, Depressionen und vielen anderen Zivilisationskrankheiten.

Doch letztlich kommt es nicht nur darauf an, was wir alles Gesundes in den Mund stecken, sondern ob wir es auch verdauen können. Wer leistet eigentlich diese Arbeit? Es ist vor allem unsere Darmflora, Milliarden an kleinen bakteriellen Helfern, die für uns die Nahrung aufschließen. Daher ist es sinnvoll, diesen Helfern im Darm optimale Lebensbedingungen zu bieten.

Sehen wir es einmal so: Der Mensch braucht viele wichtige Bestandteile seines Essens gar nicht »für sich«, sondern vielmehr als Nahrung für seine Darmbakterien, die dann wiederum mit ihren »Produkten« ihn ernähren. Er gleicht damit einem Hirten, der von der Milch seiner Ziegenherde lebt. Um gut zu leben, muss er seine Ziegen auf beste und ausgewogene Weidegründe führen. Wie können wir also unseren Darmbakterien »optimale Weidegründe« bieten? Derzeit passiert bei den meisten Mahlzeiten Folgendes: Zu viele degenerierte Nahrungsmittel werden kaum gekaut hastig hinuntergeschluckt. Dadurch landen statt einem fein vorverdauten Nahrungsbrei ganze Brocken im Darm. Dieser ist total überfordert und es kommt zu unerwünschten Verwesungsvorgängen. Eine zerstörte Darmflora hat weitreichende Auswirkungen, nicht zuletzt auf unser Immunsystem. Der Arzt Ulrich Mohr vergleicht die chemischen Umwandlungsprozesse im Verdauungssystem mit einem Gemüsegarten.[18] Er bringt folgendes

18 Mohr, Dr. Ulrich unter: http://julius-hensel.com/2011/05/der-darm-funktioniert-wie-ein-gemusegarten/

Bild: Was passiert, wenn man sein Gemüsebeet mit Mengen an fauligem, halbverwestem Kompost düngt? Die gesunden Mikroorganismen ergreifen die Flucht oder sterben ab. Jeder Biogärtner weiß, dass er in erster Linie das Mikroklima auf seinem Gemüsebeet optimieren muss, um gute Erträge zu bekommen. Dann ist kaum zusätzliches Düngen nötig, denn der Boden reguliert sich selbst. Ist dieser jedoch bereits durch Gifte zerstört, hilft kein offensives Düngen mehr. Das bedeutet für uns Menschen: Wir müssen zunächst die Darmflora wieder aufbauen, sonst verhungern wir mit vollem Bauch. Fühlen sich die Darmbakterien wohl, brauchen wir viel weniger Essen, als wir gemeinhin glauben.

Was von der Schleimhaut des Dünndarms nicht aufgenommen werden konnte, landet im **Dickdarm.** Hier werden aus den Resten noch weitere lebenswichtige Vitamine und Säuren hergestellt. Sind in der Nahrung viele Ballaststoffe (Pflanzenfasern), wird der Darm beim Weitertransport gleichzeitig geputzt und der Stuhl ist am Ende gut geformt. Zusätzlich zum Essen ist für unseren Stoffwechsel natürlich auch genügend reines Wasser, Sauerstoff und ausreichend Bewegung erforderlich.

Interessant ist der Zusammenhang zwischen **Gehirn und Darm.** Beide Organe dienen der Verdauung: Während der Darm materielle Nahrung bearbeitet, macht sich das Gehirn an der geistigen Nahrung zu schaffen. Die Ähnlichkeit der Organe ist in der TCM schon lange bekannt und der Volksmund spricht hierzulande vom »Bauchhirn«, das Entscheidungen »aus dem Bauch heraus« trifft. Unser Darm ist tatsächlich von mehr als 100 Millionen Nervenzellen umhüllt. Das sind mehr Neuronen als sich im Rückenmark befinden.

Neurowissenschaftler haben herausgefunden, dass Zelltypen, Wirkstoffe und Rezeptoren im Darmbereich identisch mit denen des Gehirns sind. Neben dem Koordinieren der komplexen Verdauungsleistung ist das Nervengeflecht im Darm ebenso Quelle verschiedener psychoaktiver Substanzen (Serotonin, Dopamin, …), die nachweislich unsere Gemütsverfassung steuern.

Wir alle haben die Erfahrung, dass wir manchmal Angst im Bauch spüren. Treten belastende Gefühle regelmäßig auf, hinterlässt das Spuren und die Funktion des Darmes wird beeinträchtigt. Studien zeigen, dass 40 % der Patienten mit »Reizdarmsyndrom« gleichzeitig an Angsterkrankungen und Depressionen leiden.[19] Das führt uns wieder einmal konkret vor Augen, dass der Emotionalkörper und die Physis des Menschen eine Einheit bilden. Und da unsere Gefühle direkt mit den Gedanken (Mentalkörper) und feineren seelisch-geistigen Empfindungen verknüpft sind, spielt für die Gesundheit letztlich immer auch unsere seelische Verfassung eine Rolle. Der Mensch ist ein Gesamtkunstwerk, das sich auf vielen Ebenen gleichzeitig ausdrückt. Erklingt diese »Symphonie« harmonisch, sind wir zentriert und Gesundheit stellt sich ein.

---

19 www.praxis-fuer-naturheilmedizin.de/?Der_Darm:Der_Darm_%96_das_zweite_Gehirn

Fasten und Entschlacken

Bei einem Großteil der Bevölkerung ist die natürliche Lebensgemeinschaft zwischen Darmbakterien und Mensch mehr oder weniger gestört *(Dysbiose)*. Gifte und Schlacken werden aus dem Körper nicht mehr ausreichend ausgeschieden. Dadurch kann es zur schleichenden Selbstvergiftung kommen, die sich wiederum in diversen anderen Krankheitsbildern fortsetzt (Entzündungen, Verdauungsbeschwerden bis zu Depressionen). Ein populäres Schlagwort ist hierbei der **Säure-Basen-Haushalt** des Körpers. Weißmehl, Zucker, Fleisch, Alkohol und eine stressige Lebensweise übersäuern das Gewebe langfristig. Für einen optimalen Stoffwechsel wird jedoch ein relativ konstanter pH-Wert von ca. 7,4 im Blut benötigt.

Zur Regulierung überschüssiger Säuren muss der Körper seine Mineralstoffreserven plündern (z. B. Calcium aus den Knochen und Zähnen). Daher ist es wichtig, von vornherein ausreichend basische Lebensmittel zu essen (Gemüse, Kräuter, Vollkornprodukte …) und diese in aller Ruhe und sehr ausgiebig zu kauen. Fast- und Entlastungstage sowie spezielle Entgiftungsmaßnahmen können hier hilfreich sein.

Schon sehr früh in der Geschichte fanden die Menschen heraus, dass das **Heilfasten** zu einem erhöhten Wohlbefinden und verbesserter Gesundheit führen kann. Ob religiös vorgegebenes Fasten (z. B. vor Ostern), Kuren mit Säften oder Gemüsesuppen – es geht um das freiwillige Vermindern der Nahrung über einen bestimmten Zeitraum. Oft ist damit auch der Wunsch nach einer seelischen Läuterung verbunden, um mehr zu sich selbst zu kommen. Überflüssiges fällt ab, ob das nun Körpergewicht oder geistige Verschlackung ist. Viele Menschen nutzen gleichzeitig die Zeit, um ihre Wohnung auszumisten und anschließend die »aufgeräumte«, leichte Stimmung im Innen und Außen zu genießen.

Fastenkuren werden gerne durch **Kneipp-Kaltwasserbehandlungen,** Bewegung an der frischen Luft, Abführmitteln und **Hydro-Colon-Therapie** unterstützt. Über ein Klistier wird warmes Wasser in den Darm eingeführt, um alte Stuhl- und Fäulnisreste aus den Zotten zu lösen. Ebenfalls Heilerde und Flohsamenschalen entgiften den Darm und binden überschüssige Säuren. Am besten wird das Heilfasten von einem erfahrenen Fastenbegleiter unterstützt, besonders wenn bereits Krankheiten vorliegen.

»Lebenskunst ist die Kunst des richtigen Weglassens.«

(Coco Chanel)

Unverträglichkeiten und Allergien

Hippokrates sagte: »Krankheiten befallen uns nicht aus heiterem Himmel, sondern entwickeln sich aus täglichen Sünden wider die Natur. Wenn sich diese gehäuft haben, brechen sie unversehens hervor.« Bezeichnend für unsere Gesellschaft ist das Ansteigen von Nahrungsmittelallergien und -unverträglichkeiten. Bei einer **Allergie** reagiert das Immunsystem des Körpers unmittelbar, beispielsweise durch einen Hautausschlag. Die häufigste Nahrungsmittelallergie ist gegen Sellerie, der versteckt in vielen Fertiggerichten und im Kräutersalz enthalten ist, gefolgt von Erdnüssen. Oft kommt es zu sogenannten »Kreuzreaktionen«, zum Beispiel zwischen einem Nahrungsmittel und Pollen oder auch einem chemischen Zusatzstoff in Fertiggerichten.

Bei **Nahrungsmittelunverträglichkeiten** treten die Beschwerden zeitverzögert auf und sind darum viel schwieriger zu diagnostizieren: ein unerklärliches Unwohlsein, Migräne, häufige Krankheitszustände, Bauchschmerzen, Hautprobleme, ... Ursachen sind eine länger andauernde Fehlernährung, zu wenig kauen, Bewegungsmangel und Stress, die den Verdauungsapparat geschwächt haben. Die Darmwand wurde »löchrig«, also durchlässig für bestimmte Bestandteile der Nahrung *(Leaky Gut Syndrom)*. Diese Öffnungen in der Schleimhaut sind zwar nur mikroskopisch klein, doch trotzdem groß genug, um winzige, unverdaute Lebensmittelpartikel durchzulassen. Der Kontakt mit körpereigenem Gewebe löst daraufhin eine Abwehrreaktion des Körpers aus. Die Partikel werden als fremde Eindringlinge identifiziert und deren Information im Körper gespeichert. So entsteht die Unverträglichkeit auf eine Substanz, die richtig verdaut eigentlich nicht giftig wäre. Oft handelt es sich sogar um persönliche Lieblingsspeisen, die regelmäßig und in großer Menge verzehrt werden.

Bereits jeder dritte Westeuropäer soll nach dem Genuss von **Fruktose** an teils heftigen Verdauungsstörungen leiden. Viele Jahrtausende lang war der Mensch daran gewöhnt, nur eine kleine Menge Fruchtzucker (ca. 8 g/Tag) aufzunehmen. Seit jedoch Zucker, der aus der ge-

bundenen Form von Fruktose und Traubenzucker (Glukose) besteht, zum erschwinglichen Volksnahrungsmittel wurde, stieg der tägliche Fruktose-Verbrauch bis auf das Zehnfache an. Doch der Dünndarm vieler Menschen ist mit dieser Überfülle überfordert. Fruchtzucker gelangt bis in den Dickdarm, zerstört dort die Darmflora und verursacht Blähungen, Durchfall und Bauchschmerzen. Hier gilt es, sich des eigenen Zuckerkonsums bewusst zu werden (auch versteckter Zucker in Fruchtsäften, Fertiggerichten, Salaten sowie Zuckerersatzstoffe). Üben Sie in diesem Fall Zurückhaltung beim Süßen. Programmieren Sie Ihre Geschmacksnerven neu.

Zöliakie wird die Überempfindlichkeit gegen **Gluten** genannt, das Klebereiweiß, das in vielen Getreidesorten vorkommt. Im deutschsprachigen Raum leiden ca. 20 % der Bevölkerung an einer **Laktose**-(Milchzucker-)Intoleranz. Und eine beträchtliche Anzahl von Menschen kann **Histamine** nicht abbauen (enthalten in Rotwein, Hartkäse, geräuchertem Fleisch oder Schokolade). Bei Unverträglichkeiten hilft ein genaues Durchleuchten der eigenen Essgewohnheiten und radikale Enthaltsamkeit bezüglich der betroffenen Substanzen. Gleichzeitig kann die Einnahme erprobter Naturheilmittel zum Aufbau der Darmflora, Bioresonanztherapie und weniger Stress im Alltag unter anderem dem Darm helfen, sein Gleichgewicht wiederzufinden. Holen Sie sich in diesem Fall bitte Unterstützung von einem erfahrenen Therapeuten oder Arzt! Interessant ist auch der Zusammenhang von Nahrungsmittelunverträglichkeiten und Autoimmunkrankheiten beziehungsweise psychischen Auffälligkeiten (z. B. ADHS bei Kindern). Hier bietet sich für die Forschung ein weites Feld.

Gänzlich unbekannt ist die Auswirkung der **Nano-Technologie** auf die Verträglichkeit unseres Essens. Mittels Nano-Technologie können im Labor ganz neue Lebensmittelformen kreiert werden hinsichtlich Farbe, Geschmack und Festigkeit des Produkts. Weil es sich um den Einsatz von Mikroteilchen handelt, besteht im Handel derzeit keine Kennzeichnungspflicht (im Gegensatz zu **gentechnisch** veränderter Nahrung)! Das gibt der Industrie völlig freie Hand. Mittels

Nano-Technologie erhoffen sich die großen Konzerne fette Gewinne. Eine Studie des Fraunhofer-Instituts schätzt das weltweite Umsatzpotential von Functional Food auf mehr als 20 Milliarden Euro.[20] Weltweit sollen etwa 600 Nano-Lebensmittel am Markt sein sowie 500 nanobeschichtete Lebensmittelverpackungen. Tendenz steigend. Der Bund für Umwelt und Naturschutz (BUND) nennt 29 Konzerne, die Nano Food erforschen, wie Nestlé, Kraft Foods und Danone.[21] BASF arbeitet an Vitaminzusätzen in Nano-Form. Unilever entwickelt fettarmes Nano-Speiseeis. Ein Schokoriegel-Hersteller hat sich einen Schokoguss mit Titandioxid patentieren lassen. Titandioxid ist auch in Sonnenschutzmitteln enthalten und bewirkt, dass der Schokoriegel in der Sonne nicht so schnell schmilzt. Die Langzeitfolgen von Nano- und Gen-Technologie auf unsere Gesundheit und die Umwelt sind trotz gegenteiliger Beschwichtigungen der Industrie in keinster Weise abschätzbar! Das ist ein Grund mehr, sich an lokale kleine Hersteller von Lebensmitteln zu halten.

Female robot. Nanotechnology concept

20 Ringelsiep, Michael: Planet Wissen, 9.8.12 unter: http://www.planet-wissen.de/ natur_technik/forschungszweige/nanotechnologie/nanofood.jsp
21 Lubbadeh, Jens: Greenpeace Magazin 6.10 unter: http://www.greenpeace-magazin.de/ index.php?id=6254

Lebensmittel sind Heilmittel

»Was immer wir selbst tun können, um unsere Gesundheit zu stärken, wirkt besser als das, was andere für uns tun können«, so heißt es
im Ayurveda. Was ist also naheliegender, als bei den einfachen Din-
gen des Alltags anzusetzen: zum Beispiel bei der Ernährung. Schon
Hippokrates (460–370 v. Chr.), der berühmteste Arzt des Altertums,
sagte: »Eure Nahrungsmittel sollen eure Heilmittel sein!« Und immerhin ist der Eid des Hippokrates das bekannteste sittliche Grundgesetz
des Arztberufes. Es ist erstaunlich, wie standhaft sich die westliche
Schulmedizin trotzdem weigert, die Ernährung als wichtige Säule in
eine Therapie mit einzubeziehen. Wildtiere machen das ganz automatisch: So hat die Untersuchung des Magen-Darmtrakts von Hirschen
gezeigt, dass diese bei Beschwerden intuitiv passende Heilkräuter auf
den Wiesen fressen. Dieser Instinkt ist dem modernen Menschen
größtenteils abhandengekommen. Eventuell finden wir ihn noch bei
Schwangeren, die spontan ihren seltsamen Gelüsten nachgeben, seien
es Essiggurken mit Marmelade oder große Mengen an Nüssen. Dank
Internet und Buchdruck haben wir heute jedoch neue Möglichkeiten, uns an den alten Erfahrungsschatz der Menschheit über heilende Nahrung, der rund um den Globus existiert, erinnern zu lassen.
Im Gegensatz zu manchen Mode-Diäten ist den alten Traditionen
gemein, dass sie neben den messbaren Inhaltsstoffen die energetisch-
feinstoffliche Qualität der Nahrungsmittel selbstverständlich mit ein-
beziehen. Und sie sind jahrhundertelang erprobt.

Im **Ayurveda** (der indischen »Wissenschaft vom Leben«) gilt das
Prinzip, dass es keine Substanz im Universum gibt, die nicht unter
bestimmten Bedingungen als Medizin genutzt werden kann. Jeder

Mensch wurde mit einer individuellen Mischung der drei Doshas (Lebensenergien) geboren. Durch eine falsche Ernährung oder ein anderes Fehlverhalten im Alltag gerät diese Grundkonstitution durcheinander und der Körper wird anfällig für Krankheiten. Speisen werden dann als heilsam angesehen, wenn sie das Gleichgewicht der Doshas wieder herstellen können. Das Essen selbst sollte ohne Zerstreuung, in innerer Ruhe und an einem geeigneten Ort eingenommen werden.

Links: das Taiji-Symbol. Rechts: die beiden Schriftzeichen Korn / Getreide und Mund (ganz rechts) – diese beiden zusammen bilden das Zeichen für Harmonie.

In der **traditionellen chinesischen Medizin** (TCM) wird auf ein ausgeglichenes Verhältnis der beiden Urprinzipien Yin und Yang Wert gelegt, dem Prinzip der Ausdehnung und des Zusammenziehens. Yin und Yang halten die ganze Schöpfung in Bewegung. Wahre Gesundheit stellt sich ein, wenn die beiden Kräfte in Harmonie sind (siehe Taiji-Symbol). Yin (schwarz) trägt bereits den Samen von Yang (weiß) in sich und umgekehrt. Eine heilende Kochweise stimmt die Energiequalität der verwendeten Nahrungsmittel auf das Klima, die Jahreszeit und die spezifische menschliche Konstitution ab. Zeané Lao Shin weist darauf hin, dass das chinesische Schriftzeichen für Harmonie aus den Zeichen für »Korn« und »Mund« gebildet wird.[22] Getreide sollte demgemäß die Hauptnahrung des Menschen sein, wobei selbstverständlich das ganze Korn verspeist wird, um alle wertvollen Inhaltsstoffe aufzunehmen. Und er überträgt diesen Grundsatz, etwas provokativ, auch auf andere Lebensmittel: »Essen Sie Fleisch, sollte die ganze Kuh gegessen werden – von den Kopfhaaren bis zum Schwanz.«[23] Denn so würden beispielsweise die Raubtiere eine Übersäuerung vermeiden. Nun, würden wir diese Forderung in unsere Ernährungsgewohnheiten einführen, hätten wir bald kein Problem mehr mit übermäßigem Fleischkonsum in unserer Gesellschaft.

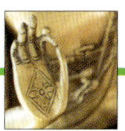

In der TCM nimmt die Lehre der fünf Elemente einen wichtigen Platz ein. Holz, Feuer, Erde, Metall und Wasser entsprechen den 5 Geschmacksrichtungen sauer, bitter, süß, scharf und salzig. Alle Lebensmittel sind jeweils einem bestimmten Hauptelement zugeordnet und haben eine spezifische thermische Wirkung. Knoblauch wird beispielsweise als heiß, Tomaten als kalt klassifiziert. Ein Lebensmittel kann seine thermische Wirkung jedoch durch die Art der Lagerung und Zubereitung verändern. Tiefgefrorene Speisen werden generell als kalt klassifiziert. Scharfes Anbraten, langes Backen im Rohr oder Gewürze wie Ingwer steigern hingegen die wärmende Qualität. Je nach Klima, Jahreszeit und Grundkonstitution des Menschen (Hitze- oder Kältetyp) sollte die thermische Qualität des Essens angepasst werden.

Eine alte europäische Ernährungslehre geht auf die Erkenntnisse der heiligen **Hildegard von Bingen** zurück (1098–1179 n. Chr.). Ein eigentliches Kochbuch hat die berühmte Äbtissin nie geschrieben, doch in ihren umfangreichen Werken verdeutlicht sie den Heilwert vieler europäischer Lebensmittel. In ihren Aufzeichnungen über Phytotherapie kombiniert sie das alte Erfahrungswissen der Klostermedizin mit ihrer visionären Schau über Kräuter und Edelsteine. Diese Schriften gelten als Standardwerke der europäischen Naturheilkunde. Neben der Auswahl bestimmter günstiger Nahrungsmittel mit viel *viriditas* (»Grünkraft«) haben bei Hildegard auch Heilfasten, Entgiftung und geistige Übungen einen wichtigen Platz. Ihre Lieblingspflanze ist der Dinkel. Im Unterschied zu anderen Naturheilverfahren vermeidet die Hildegard-Heilkunde Rohkost und achtet besonders auf wärmende Nahrung. Heißer Gewürzwein, Suppen und »Habermus« (Getreidebrei) war für die Menschen im kalten Mittelalter sicher ein ideales Stärkungsmittel.

22 Lao Shin, Zeané: Nahrung als Weg, S. 49
23 ebenda, S. 41

Die Küchen-Apotheke im Überblick

In einer Übersicht liste ich die wichtigsten Grundnahrungsmittel mit ihrer Hauptwirkung auf die Gesundheit auf:

Getreide

Weizen, Dinkel, Roggen, Hafer, Gerste, Reis, Hirse, Mais, Buchweizen, Quinoa, Amaranth

Getreide stellt rund um den Erdball den Hauptbestandteil unserer Nahrung dar. Das spiegelt sich in der Mythologie der Völker wider, wo Korn und Brot als heilige Nahrung direkt von Gott gegeben worden sind. Auch in unserer christlich geprägten Kultur sprechen wir im Vaterunser-Gebet: »Unser tägliches Brot gib uns heute.« Funde belegen, dass im Europa nördlich der Alpen schon vor 30000 Jahren Korn vermahlen wurde. Vor ca. 10000 Jahren fingen die Menschen mit systematischem Ackerbau an. Ursprünglich aßen sie Getreidebrei und einfache Fladenbrote. Dann wurde wohl entdeckt, dass ein ungebackener Brotteig mit der Zeit zu gären anfängt. So entwickelte sich der »gesäuerte« Teig, der ein lockeres Brot ergibt und in einfachen, gemauerten Öfen gebacken wurde. Findige Köchinnen gaben dem Teig verdauungsfördernde Gewürze bei (Kümmel, Anis, Fenchel etc.), wodurch sich viele verschiedene Brot- und Gebäcksorten entwickelt haben. Den Schritt vom Brei zum Brot haben übrigens nicht alle Völker vollzogen. Im Gegenteil, die Mehrzahl der Menschen blieb beim täglichen Getreidebrei. Nicht zuletzt wird gegärtes Getreide auch getrunken: als Bier, Whisk(e)y oder Wodka.

Die größte Heilkraft hat das ungeschälte, ganze Korn. Bei meinen Angaben im Buch beziehe ich mich daher immer auf das vollwertige

Getreide. Das gemahlene Korn sollte möglichst bald weiterverarbeitet und gegessen werden, da es bei längerer Lagerung seine Vitalität verliert. Menschen, die das grobe Korn nicht gut verdauen können, sollten Speisen aus fein verschrotetem Vollkornmehl wählen. Neben den gängigen Getreidesorten Weizen, Dinkel, Roggen, Gerste, Hafer, Reis, Mais und Hirse stehen uns Buchweizen, Amaranth und Quinoa zur Verfügung. Diese sind eigentlich Knöterich- beziehungsweise Fuchsschwanzgewächse.

Weizen ist bei uns das am meisten verspeiste Getreide und findet sich in der südländischen Küche auch als Couscous (Granulat) und Bulgur (gebrochen) wieder. Einkorn und Emmer (Zweikorn) sind zwei alte Weizensorten, ebenso wie Kamut (eine natürliche Hartweizen-Hybridsorte aus dem Orient).

Dinkel ist eine Urform des Weizens und besonders wertvoll. Sein Ertrag lässt sich durch Düngemittel nicht wesentlich steigern.

Roggen ist dem Weizen ähnlich, hat aber weniger Gluten. Er gibt viel Energie und Ausdauer und findet in den typischen Bauernbroten der Alpenregion Verwendung.

Hafer hat einen hohen Fettgehalt. Er wird gerne zu Flocken gequetscht und im Frühstücksmüsli genossen.

Gerste ist sehr leicht verdaulich und wird als Rollgerste in Suppen verwendet. Ebenso im japanischen Miso, im Whisk(e)y und im Getreidekaffee findet Gerste Verwendung.

Reis hat einen sehr hohen Vitamin-B-Gehalt, ist leicht zu verdauen und hilft bei Allergien und Nervenkrankheiten.

Hirse ist nach der chinesischen Energielehre sehr yang. Sie hat viel Eiweiß und ist wegen der enthaltenen Kieselsäure gut für Haare, Haut und Nägel.

Mais ist im Vergleich zu den anderen Getreiden sehr yin und wirkt daher kühlend für heiße Sommertage. Er schmeckt süßlich, wirkt blutbildend und herzstärkend.

Buchweizen ist nach der chinesischen Lehre sehr yang und damit gut geeignet als wärmende Speise bei kaltem, feuchtem Wetter. Er hat einen hohen Vitamin-B-Gehalt und wirkt blutbildend.

Quinoa wurde bereits von den Inkas und Azteken als Kulturpflanze genutzt. Sie ist reich an wertvollen Inhaltsstoffen, fettarm und enthält kein Gluten.

Amaranth galt in alten Zeiten als Blume der Unsterblichkeit. Er ist sehr proteinhaltig und stärkt Nerven und Gehirn. In der Volksmedizin der Indianer Amerikas wurde seine entzündungshemmende Wirkung hoch geschätzt.

Hülsenfrüchte

Linsen, Erbsen, Kichererbsen, Bohnen, Sojabohnen, Lupinen

Gerade bei einer fleischlosen Ernährung bekommen die lange Zeit als »Arme-Leute-Essen« vernachlässigten Hülsenfrüchte wieder ihren wichtigen Platz auf dem Speiseplan. Sie besitzen einen sehr hohen Eiweißgehalt, viele Vital- und Ballaststoffe und werden für eine ausgewogene Mahlzeit am besten mit Getreide kombiniert. Auch bei uns war dies bis vor 100 Jahren noch die typische Volksnahrung. Menschen und Hülsenfrüchte haben eine lange gemeinsame Geschichte. Funde belegen, dass sie bereits in der Stein- und Bronzezeit angebaut wurden, meistens gemeinsam mit Hafer und Gerste. Unreife Hülsenfrüchte, also grüne Erbsen und grüne Bohnen wurden erst im 19. Jahrhundert bei uns populär. Weltweit existieren über 12 000 verschiedene Arten von Hülsenfrüchten. Gerade für unsere ausgelaugten Böden bieten sie einen willkommenen Zusatznutzen: Sie lagern Stickstoff in ihren Wurzeln ein und fungieren so als idealer Naturdünger. Gegen die blähende Wirkung der Hülsenfrüchte (»Jedes Böhnchen gibt ein Tönchen.«) helfen am besten gut Weichkochen, Pürieren und natürlich die traditionellen Gewürze: Fenchel, Kümmel, Ingwer, Koriander oder Bohnenkraut. Relativ neu in der fleischlosen Küche sind Steaks oder Geschnetzeltes aus den Samen der Lupinen.

Kreuzblütengewächse

Kohl, Kohlrabi, Blumenkohl/Karfiol, Wirsing, Rosenkohl/Kohlsprossen, Brokkoli, Rettich, Radieschen u. a.

Wilde Stammformen der Kreuzblütengewächse waren schon in der Steinzeit rund um den Erdball beliebt. Denn sie ließen sich einfach anbauen und machten richtig satt. Außerdem erkannten die Menschen früh ihre besonderen Heilkräfte. So wurde der Kohl zur Nahrung und Arznei des »kleinen Mannes«. Im Laufe der Geschichte züchteten die Menschen sehr unterschiedliche Sorten, die von Mai bis Dezember geerntet werden können. Manche Sorten halten, richtig gelagert, bis ins Frühjahr. Sauerkraut wird durch natürliche Milchsäuregärung hergestellt. Zwei Drittel der Weißkohl-Ernte wird so weiterverarbeitet. Die Kreuzblütler sind allgemein sehr reich an Mineralien, Ballaststoffen und Vitamin C. Sie enthalten Senföle, die eine antibiotische Wirkung besitzen. Daher werden sie bei Entzündungen und speziell in der Krebstherapie erfolgreich eingesetzt. Bei Problemen mit dem Verdauungsapparat sollten Sie sich an die zarteren Sorten (z. B. Blumenkohl) halten und zum Essen weder Milch, noch süßen Saft trinken, weil sonst die Ballaststoffe im Bauch zu gären anfangen.

Kürbisgewächse

Kürbis, Zucchini, Gurke, Melone

Kürbisgewächse regulieren die Flüssigkeiten im menschlichen Körper: Blut, Lymphe, Sperma und Schweiß. Sie bestehen selbst größtenteils aus Wasser und sind daher sehr kalorienarm und erfrischend. Nach den alten Traditionen werden sie »Mondgewächse« genannt, da der Mond die Gezeiten bewirkt und so »Herrscher« über das Wasser auf Erden ist. Allgemein wirken sie harntreibend, abführend und reinigend. Durch ihren hohen Basen-Überschuss helfen sie dem modernen, dauergestressten Menschen, seinen Säure-Basen-Haushalt auszugleichen.

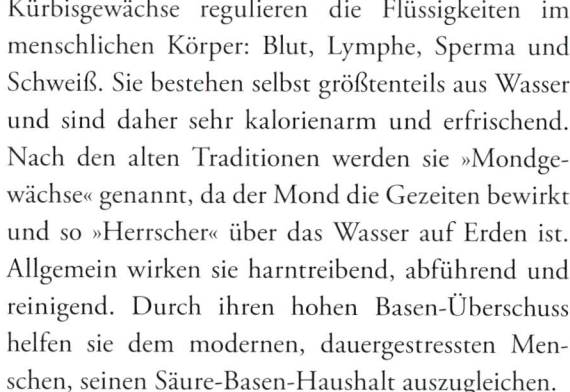

Nachtschattengewächse

Kartoffel, Paprika, Tomate/Paradeiser, Aubergine

Der etwas unheimliche Name der Nachtschattengewächse verweist auf die Giftigkeit mancher Sorten dieser Pflanzenfamilie: Stechapfel, Bilsenkraut und Tollkirsche. Jene sind seit alter Zeit wichtige Bestandteile von Rausch- und Schmerzmitteln, sie gelten als Ingredienzen von Hexenflugsalben und Liebestränken. Auch in der modernen Medizin werden sie gerne eingesetzt, so bei Migräne, Schlaganfall oder Asthma. Ihre ungiftigen Verwandten sind eher neu in der europäischen Küche, doch heute nicht mehr wegzudenken. Wie immer hängt es von der Zubereitungsmethode ab, ob es ihr prinzipiell hoher Gehalt an Vitalstoffen bis auf unseren Teller schafft.

Doldengewächse

Karotte, Pastinake, Sellerie, Fenchel, Petersilie

Doldengewächse waren schon bei unseren Vorfahren sehr beliebt, wie Samenfunde in Pfahlbauten aus der Stein- und Bronzezeit belegen. Sie sind allesamt sehr gesundheitsförderlich, darmfreundlich und enthalten viele ätherische Öle. Außer dem giftigen Schierling können alle auch roh gegessen werden. Zur Pflanzenfamilie gehören neben den bekannten Knollen und Wurzeln etliche Gewürze wie Anis, Dill, Fenchel, Kümmel und Koriander. Doldengewächse werden in der Hausmedizin gerne bei Erkältungen, Rheuma, Verdauungsproblemen und zur Entspannung der Nerven eingesetzt.

Liliengewächse

Knoblauch, Zwiebel, Lauch, Bärlauch, Spargel

Die Liliengewächse gehören zu den am meisten verwendeten Küchengewürzen. Sie sind leicht zu ziehen, einfach zu lagern und preisgünstig. Auch faden Speisen geben sie »Pepp«, wenngleich sich das Vergnügen beim Essen von Bärlauch und Knoblauch später oft in Form von Geruchsbelästigung rächt. Sie wirken als »natürliche Antibiotika«, desinfizierend und stark entgiftend. Spargel und Lauch helfen bei Nieren- und Blasenleiden.

Korbblütler

Salat, Schwarzwurzel, Artischocke, Topinambur

Die Korbblütler gehören mit ihren 15000 Arten zu den größten Pflanzenfamilien der Erde. Hier finden wir alle Formen von Blattsalaten: Kopfsalat, Chicorée, Rucola, Endivie, Eisberg, Radicchio, Zuckerhut, Feldsalat und weitere. Über 50 verschiedene Salate gibt es am deutschen Markt zu kaufen. Grüne Blattsalate enthalten in ihrem Milchsaft einen opiatähnlichen Stoff, der die Nerven beruhigt und Schlaf fördert. Besonders heilend wirken die enthaltenen Bitterstoffe, welche die Drüsen im Körper anregen, Entzündungen heilen und das Immunsystem verbessern. Manche Korbblütler, beispielsweise Schwarzwurzel und Topinambur, enthalten sehr viel Inulin, das Harnstoff abbaut und in der Diabetiker-Küche wichtig ist. Die Artischocke, eine große Form der Distel, ist besonders förderlich für die Leber. Auch viele bekannte Blumen gehören zu den Korbblütlern, wie das Gänseblümchen oder die Arnika.

Fuchsschwanz-/Gänsefußgewächse

Rote Rübe, Spinat, Mangold, Quinoa, Amaranth, Zuckerrübe

Fuchsschwanz- und Gänsefußgewächse werden sehr vielseitig eingesetzt: als Gemüsepflanzen, Pseudogetreide, Heilmittel (z.B. der Mexikanische Drüsengänsefuß) oder auch als Zierpflanzen in Gärten. Rote Rübe, Mangold und Spinat sind reich an wertvollen Inhaltsstoffen wie Folsäure und Eisen. Fuchsschwanz- und Gänsefußgewächse stärken das Immunsystem und werden unter anderem in der Krebstherapie eingesetzt.

Pilze

Wald- und Zuchtpilze

Von der Vielzahl an Pilzen in der Natur ist ein Teil für den Menschen genießbar, andere sind bitter oder sogar giftig. Bitte informieren Sie sich gründlich, bevor Sie sammeln gehen! Pilze sind sehr eiweiß- und mineralstoffreich. Wichtig für Veganer: Manche enthalten sogar das in pflanzlicher Kost seltene Vitamin B12 (z. B. Steinpilze). Leider sammeln sich in Pilzen auch gesundheitsschädliche Schwermetalle (wie Quecksilber) und radioaktive Stoffe (Caesium 137) an. Dieses Problem lässt sich durch den Einkauf von Zuchtpilzen vermeiden. Pilze sind eher schwer verdaulich und müssen immer gut gekaut werden!

Algen

Wakame, Kombi, Hiziki, Arame, Rot- und Braunalgen, Spirulina

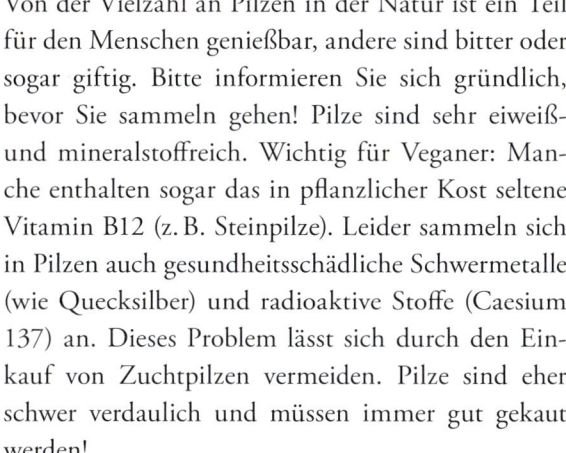

Das Meeresgemüse enthält viele Vitamine und Mineralstoffe und sollte aus möglichst unbelastetem Wasser stammen. Es ist eine ausgezeichnete Quelle für natürliches Jod und daher oft Bestandteil von Kräutersalzmischungen. Algen erhält man am einfachsten in getrockneter Form im Bioladen. Agar-Agar wird aus der Rotalge gewonnen und gerne als Geliermittel zum Binden von Süßspeisen eingesetzt. Es enthält viele Mineralstoffe und ist eine gesunde Alternative zur Gelatine, die aus Tierknochen hergestellt wird.

Keime und Sprossen

Kresse, Alfalfa, Radieschen, Getreidekörner, Sojabohne, Leinsamen u. a.

Gekeimtes Getreide oder die Sprossen von Hülsenfrüchten und anderem Gemüse sind eine wunderbare und kostengünstige Kraftnahrung. Besonders in den Wintermonaten versorgen sie uns reichlich mit wertvollem Eiweiß, Vitaminen und Mineralien, denn im Samen liegt das kompakte Leben geborgen. Für die Zucht von Sprossen brauchen Sie nichts weiter als ein Keimgerät oder -glas, Wasser und einen hellen Ort. Kleinere Samen (z. B. Alfalfa, Radieschen) weicht man 4–6 Stunden ein, größere etwas länger. Dann werden sie täglich zweimal mit frischem Wasser gespült und nach 3–8 Tagen kann der Garten am Fensterbrett beerntet werden. Gekeimtes Gemüse auf dem Teller ist übrigens keine neue Erfindung. Schon vor 5000 Jahren empfahl der chinesische Kaiser seinem Volk den reichlichen Verzehr von Sojasprossen. Achten Sie beim Ziehen von Sprossen auf jeden Fall auf hygienischen Umgang sowie gründliches Waschen vor dem Verzehr.

Kräuter und Gewürze

Wildkräuter, Gartenkräuter und exotische Gewürze

Die Verwendung von Kräutern in der Küche und für Heilzwecke reicht bis in die Anfänge der Menschheitsgeschichte zurück. Kräuter dienen uns zur Geschmacksverstärkung, zur besseren Verdaulichkeit sowie ganz praktisch zur Desinfektion und zum Haltbarmachen der Nahrung (vor allem im heißen Süden). Kräuter helfen uns bei physischen, aber auch

bei seelischen Krankheiten und wurden seit Anbeginn ebenso für schamanische Rituale verwendet: als Trank, als Räucherung oder Opfergabe.[24]

Weitere Gemüsearten

Selbstverständlich existieren noch viele weitere, schmackhafte Gemüsesorten mit heilkräftiger Wirkung, die zum Kochen, Essen und Experimentieren einladen. Aus Platzgründen beschränke ich mich hier jedoch auf die gängigsten Sorten in der europäischen Küche.

Früchte

Stein-, Kern- und Beerenobst, Wildfrüchte und exotische Früchte

Es gibt kein Lebensmittel in der Geschichte der Menschheit, das von Jung und Alt so geliebt wird wie Früchte. In den Mythologien gelten sie als Lieblingsspeise der Götter und in Märchen nehmen sie oft eine wichtige Symbolfunktion ein. Früchte sind sehr kalorienarm und ballaststoffreich. Durch den enthaltenen Einfachzucker geben sie dem Körper einen schnellen Energieschub. Ihr hoher Gehalt an Flavonoiden, Carotinoiden, Phenolsäuren und Vitaminen wirkt antioxidativ und bringt bei vielen Krankheiten Linderung: so bei Entzündungen, Blutungen, Allergien, Hormonschwankungen, Depressionen etc. Obst sollte am besten zwischen den Mahlzeiten genossen werden und nicht gemeinsam mit stärkehaltigem Essen, da es sonst zu Gärungen

24 mehr dazu siehe Kartenset Pelzl/Gruber: Wildkräuter – Heilkraft am Wegesrand, Königsfurt-Urania Verlag 2012

im Verdauungstrakt kommen kann. Auch sollte es immer reif konsumiert werden. Gerade Südfrüchte mit langen Transportwegen werden jedoch routinemäßig steinhart gepflückt. Bei der Lagerung unter kontrollierter Atmosphäre (wenig Sauerstoff, viel Stickstoff und Luftfeuchtigkeit) wird der natürliche Reifeprozess unterbrochen. Manchmal kommen noch weitere Tricks aus dem Chemielabor zum Einsatz. Vorsicht vor Fruchtsäften mit dem Hinweis »Nektar« oder »Fruchtsaftgetränk«. Hier kaufen Sie Wasser, Zucker und teilweise künstliche Aromastoffe mit ein. Beim Trockenobst sollten Sie darauf achten, dass es ungeschwefelt ist und dieses im Zweifelsfall warm abwaschen.

Nüsse und Samen

Haselnüsse, Walnüsse, Pistazien, Mandeln, Sonnenblumenkerne, Sesam u. v. m.

Botanisch gesehen gehören Nüsse zum Obst. Mandeln, Cashewnüsse und Pistazien sind zum Beispiel Steinfrüchte. Die Erdnuss ist eine Hülsenfrucht. Nüsse enthalten viele ungesättigte Fettsäuren und haben einen sehr hohen Eiweißgehalt. Daher bieten sie eine ausgezeichnete Alternative zu Fleisch. Ihr Gehalt an Mineralien und sekundären Pflanzenstoffen ist enorm! Gemäß der Signaturenlehre[25] werden in der Volksmedizin besonders Walnüsse als wichtige Gehirnnahrung geschätzt. Sportler nutzen sie als kalorienreichen Energiekick für Zwischendurch.

Tierische Lebensmittel

Fleisch von Haus- und Wildtieren sowie Eier, Milch und Honig

Da das Eiweiß aus tierischen Produkten dem menschlichen Eiweiß ähnlich ist, wurde es lange Zeit als besonders hochwertige Ernährung angesehen. Der exzessive Fleisch-, Eier- und Milchkonsum der letzten Jahrzehnte hat jedoch bei vielen Ernährungswissenschaftlern zu einem Umdenken geführt. Neben den gesundheitlichen Nachteilen von tierischen Produkten, wie sie etwa in der China-Studie aufgezeigt wurden, sprechen auch die ethischen Bedingungen der Viehzucht (siehe S. 32) und deren verheerende globale Auswirkungen für eine pflanzliche Kost. Mehr zum Thema finden Sie im Kapitel »Vegan, vegetarisch oder mit Fleisch?«.

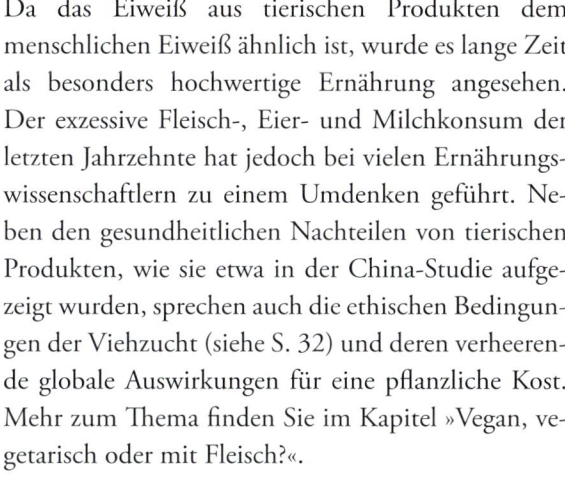

Tierische Erzeugnisse verwendet man traditionell auch für Heilzwecke, wie beispielsweise die Hühnersuppe in der TCM für Frauen im Wochenbett. Umschläge aus Topfen/Quark werden bei Entzündungen von Brust und Gelenken eingesetzt, Honig als Wundauflage.

Michael Pollan nennt für die Ernährung eine Grundregel: »Es ist besser etwas zu essen, das auf einem Bein steht (Pilze und Pflanzen), als etwas zu essen, das auf zwei Beinen steht (Geflügel). Und das wiederum ist besser, als etwas zu essen, das auf vier Beinen steht (Kühe, Schweine und andere Säugetiere).«[26]

---

25 Die Signaturenlehre beruht auf einem kosmischen Denken in Analogien. Sie findet Heilmittel für Krankheiten auf Grund von Entsprechungen hinsichtlich Form, Farbe, Geruch oder Charakter. Die Signaturenlehre ist wichtiger Bestandteil der meisten traditionellen Heillehren und wurde in Europa durch den Arzt Paracelsus im 17. Jahrhundert erstmals schriftlich formuliert.

26 Pollan, Michael: 64 Grundregeln Essen, Essen Sie nicht, was Ihre Großmutter nicht als Essen erkannt hätte, Goldmann Verlag 2011, Teil II/24

Ernten, Lagern und Konservieren

Frische Nahrungsmittel sind in der heutigen Zeit fast unbemerkt zu einem Luxusartikel geworden. Wer sein Obst und Gemüse nicht direkt aus dem eigenen Garten bezieht, lebt oft von Produkten, die tagelang um den halben Erdball kutschiert wurden. Nutzen Sie beim Einkauf Ihre freie Wahlmöglichkeit! In vielen Städten gibt es einen Bauernmarkt oder einen organisierten Gemüsekisten-Vertrieb. Auch die Inhaber kleiner Bioläden wissen meist genau, woher sie ihre Artikel beziehen, kennen die Produzenten persönlich und können Ihnen sagen, an welchen Wochentagen die frische Ware kommt.

Natürlich spielt die *Lagerung* zu Hause eine ebenso wichtige Rolle. Salat verliert zum Beispiel bereits nach zwei Tagen fast die Hälfte seines Vitamin-C-Gehalts. Um möglichst viele Vitalstoffe zu erhalten, sollten Sie Obst und Gemüse unzerteilt und kühl lagern, erst kurz vor der Verwendung waschen und keinesfalls im Wasser liegen lassen. Was viele Menschen nicht wissen: Der Stoffwechsel von Frischobst und -gemüse läuft auch nach der Ernte weiter. Äpfel, Tomaten und Paprika bilden Ethylengas, das andere Gemüse schneller altern lässt. Ingeborg Münzing-Ruef rät daher: »Tomaten nie neben Gurken, Paprika nicht neben Grünkohl, Äpfel nie mit Kartoffeln aufbewahren. Äpfel und Tomaten nicht neben Karotten (die werden bitter), nicht neben Kohl aller Art (der welkt), und nicht neben Kopfsalat, Dill oder Petersilie. Deren grüne Blätter vergilben sonst und faulen rasch.«[27]
Frische Nahrungsmittel enthalten selbstverständlich die meisten Vitalstoffe. Doch was tun, wenn im eigenen Garten immer alles zur

---

27 Münzing-Ruef, Ingeborg: Kursbuch gesunde Ernährung, S. 112

selben Zeit reif wird? Statt chemische Konservierung mit all ihren negativen Folgen auf Mensch und Umwelt zu verwenden, ist es besser, das alte Wissen zu nutzen. Bäuerinnen und Bauern haben in den letzten Jahrtausenden bewusst Gemüse- und Obstsorten gezüchtet, die sehr gut haltbar sind: Lagerapfel und -birne, Kürbis, Kartoffel, Zwiebel, Karotte, Kohl, Sellerie, Winterrettich etc. Mit dem richtigen Lagerplatz kommt man damit gut über den Winter. Achtung: Konventionelle Großproduzenten helfen heute leider oft mit dem Einsatz von Keimhemmungs- und Begasungsmitteln nach.

Zum **Haltbarmachen** hat sich heutzutage das **Tiefkühlen** durchgesetzt. Speziell wenn die Ernte noch direkt am Feld eingefroren wird, bleiben Vitamine und Geschmack weitgehend erhalten, und so stehen uns auch im Winter jederzeit Beeren und Spinat zur Verfügung. Es darf jedoch nicht vergessen werden, wie energieaufwändig diese Form der Lagerung ist.

Umweltfreundlicher ist dagegen die älteste Methode, Pflanzen auf längere Zeit haltbar zu machen: das **Trocknen.** Dazu benötigt man einen luftigen, staubfreien und warmen Raum, in dem das Sammelgut nicht direkter Sonneneinstrahlung ausgesetzt ist. Beeren breitet man ungewaschen aus, Kräuftersträuße können kopfüber aufgehängt werden. Pilze, Wurzeln oder Kernobst werden in dünne Scheiben geschnitten und aufgefädelt. Wichtig ist, dass die Luft von allen Seiten gut dran kommt. Neben dem Dörrapparat gibt es die Möglichkeit, Obst im Backrohr bei mäßiger Wärme unter häufigem Wenden zu trocknen. Die Backofentür sollte dabei einen Spalt offen stehen, damit die Feuchtigkeit abziehen kann. Der Vorteil des Dörrens gegenüber dem Einkochen ist, dass nur das Wasser entzogen wird. Die wertvollen Inhaltsstoffe bleiben erhalten. Die Nahrung wird dabei kleiner und leichter, sie kann einfacher transportiert und gelagert werden.

Die **Milchsäuregärung** wurde schon in der Jungsteinzeit verwendet. Heute finden wir sie beim Sauerkraut, bei ausgewählten Milchprodukten, saurem Gemüse und beim Sauerteigbrot.

Manche Pflanzen kann man sehr gut in *Öl einlegen* oder zu einem schmackhaften Pesto weiterverarbeiten. Eine traditionelle Variante, Obst haltbar zu machen, ist das **Konservieren mit Alkohol** im Rumtopf. Beim *Einkochen* wird das Sammelgut erhitzt, um Keime abzutöten und dann unter Luftabschluss in sauberen Schraubdeckel-Gläsern gelagert. Die Beigabe von Zucker (Marmelade) beziehungsweise Essig und Salz (saures Gemüse) verlängert die Haltbarkeit.

    Konserven sind sehr praktisch, weisen jedoch wegen der Hitzeeinwirkung den geringsten Vitalstoffanteil auf.

    Die Nahrungsmittelindustrie kennt heutzutage viele weitere Tricks, um ihre Produkte länger haltbar zu machen. Künstliche Konservierungsmittel in der Nahrung werden allerdings mit Allergien und vielen weiteren typischen Zivilisationskrankheiten in Verbindung gebracht.[28]

---

28 weitere Informationen unter www.gesundheitlicheaufklaerung.de/zusatzstoffe-konservierungsstoffe

Rohkost versus Kochen

Die Vitalstoffe von Obst und Gemüse sind natürlich in der rohen, ungekochten Form am vollständigsten enthalten. Doch manches ist roh giftig (z. B. grüne Bohnen), anderes kann vom Darm so nicht gut aufgenommen werden. Dazu kommt, dass wir in Mittel- und Nordeuropa ein halbes Jahr kühle Verhältnisse haben. In der Zeit wollen viele Menschen durch die aufgenommene Nahrung innerlich gewärmt werden. Erfolgreiche »Rohköstler« (also Menschen, die sich rein von Rohkost ernähren) kommen hingegen oft aus Kalifornien oder Hawaii, also aus Gebieten mit warmem Klima. Bei uns braucht es eine geeignete körperliche Grundkonstitution, um von reiner Rohkost zu profitieren und kein chronisches Kältegefühl im Körper zu entwickeln.

Eine Möglichkeit auch im Winter an viele Vitalstoffe heranzukommen ist, sich eine halbe Stunde vor dem gekochten Mittagessen einen Grünen Smoothie zu genehmigen (Rezept siehe Salat).

Eine schonende Zubereitungsmethode von Nahrungsmitteln ist das **Dünsten** mit wenig Wasser und Fett. Dabei sollte der Topfdeckel geschlossen gehalten werden. Wenn das Kochgut auf einem Sieb über dem kochenden Wasser positioniert wird, nennt man das **Dämpfen**.

Die früher übliche **Kochkiste** (ein wärmeisoliertes Fach) eignet sich wunderbar, um Getreide fertig ausquellen zu lassen. Doch ebenso geht es mit einem Handtuch, das über den Topf gebreitet wird und die Wärme hält.

Wenn Sie Speisen **grillen,** sollten Sie darauf achten, dass kein Fett in die Glut tropft, da sonst krebserregende Stoffe freigesetzt werden. Beim indirekten Grillen (z. B. im Kugelgrill) kann das verhindert werden, indem eine Schale direkt unter den Speisen das Fett auffängt.

Achten Sie auch auf die Wahl Ihres **Kochgeschirrs!** Die praktischen, antihaftbeschichteten Teflon-Pfannen haben nachweislich gesundheitsschädliche Auswirkungen. Bereits ihre Herstellung ist belastend für die Umwelt. Bei einer amerikanischen Studie zeigte sich, dass 95 % der untersuchten Menschen teflonverwandte Chemikalien im Blut hatten.[29] Laut Experimenten des EWG (Environmental Working Group) treten bei 237 Grad bereits nach 2 bis 5 Minuten giftige Dämpfe und Partikel aus dem Kochgeschirr aus, die krebserregend wirken.[30] Eine Alternative zu Teflon sind keramikbeschichtete Pfannen.

Fertig gekochte Gerichte sollten nicht über Stunden warmgehalten werden, sondern besser nur kurzfristig erhitzt. Abzuraten ist jedenfalls von der Verwendung eines Mikrowellenofens. Durch Mikrowellen erwärmte Nahrungsmittel verursachen Veränderungen im menschlichen Blut und die gesundheitsförderliche Wirkung der Vitalstoffe im Essen nimmt rapide ab.[31]

29 www.zentrum-der-gesundheit.de/teflon-ia.html
30 http://www.gesundheitlicheaufklaerung.de/teflon-wie-giftig-ist-nun-die-beliebte-bratpfannen-beschichtung
31 mehr darüber unter www.zentrum-der-gesundheit.de/mikrowelle.html

Vegan, vegetarisch oder mit Fleisch?

Bei der vegetarischen Ernährung wird der Konsum von Fleisch bewusst vermieden. Der Veganismus geht noch einen Schritt weiter und verzichtet generell auf alle tierischen Produkte (auf Eier und Milch, manche ebenfalls auf Honig, Leder und Wolle). Womit die Autorin vor 30 Jahren in Landgasthäusern noch Entsetzen hervorgerufen hat (»Ja Mädl, wenn du kein Fleisch isst, was isst du denn dann überhaupt?«), das wird im 21. Jahrhundert für viele Menschen immer selbstverständlicher. Man kann durchaus ohne Fleisch überleben – sogar sehr gut. Das beweist uns die traditionelle Küche vieler asiatischer Länder. In Indien lebt zum Beispiel knapp die Hälfte der Bevölkerung vegetarisch.

Bis vor einigen Jahrzehnten war auch bei uns das Essen von Tieren besonderen Anlässen vorbehalten (»Sonntagsbraten«). Erst der allgemeine Wohlstand in Verbindung mit der Industrialisierung der Landwirtschaft füllte den Teller von Otto Normalverbraucher täglich mit billigen Produkten aus Tierfabriken.

Doch erfreulicherweise setzt langsam ein Umdenken ein und selbst Leistungssportler beginnen, sich vegan oder vegetarisch zu ernähren. Ein Beispiel dafür ist **Patrik Baboumian,** der 2011 den Titel »Stärkster Mann Deutschlands« einheimste. Seitdem er sich rein pflanzlich ernährt, verstärkte sich seine Muskelleistung noch.

Studien besagen, dass Vegetarier gesünder sind als der Durchschnittsbürger und sich über eine längere Lebenserwartung freuen dürfen. Denn es ist eine unbestrittene Tatsache, dass immer mehr Schadstoffe in unsere Umwelt geraten. Und die Belastung durch Schwermetalle nimmt natürlich am Ende der Nahrungskette zu, was

Fleischesser härter trifft als Veganer. So enthält Fleisch im Durchschnitt 14-mal mehr Pestizide als pflanzliche Nahrung, Milch 5,5-mal mehr.[32]

Beispiele für Pflanzen mit hohem Calcium-Anteil

Apropos Milch: Als ich in die Schule ging, gab es bei uns die sogenannte »Schulmilchaktion«. Jedes Kind sollte am Vormittag mindestens einen ¼ l Milch oder Kakao trinken für starke Knochen. Auch meiner Großmutter wurde im Seniorenheim fast täglich eine Milchpackung zum Abendessen auf das Tablett gestellt. Nun enthält pasteurisierte Kuhmilch zwar viel Calcium, doch sie erhöht gleichzeitig den Säuregrad des Gewebes. Zum Neutralisieren der Säure muss der Körper mehr eigenes Calcium aus den Knochen abbauen, als er durch die Milch zurückerhält.[33] Obwohl dieser Effekt seit Längerem bekannt ist, wird zur Bekämpfung von Osteoporose vielerorts noch immer Milch empfohlen! Ebenso zeigen diverse Studien, dass Kuhmilch für den Menschen krebsfördernde

32 Dahlke, Ruediger: Peace Food, S. 40
33 Dahlke, Ruediger: Peace Food, S. 92 f.

Eigenschaften besitzt. Das liegt daran, dass sie eigentlich Säuglingsnahrung ist. Sie soll den Kälbern helfen, möglichst schnell Körpermasse aufzubauen, um mit der Herde mitziehen zu können. Wird dieses »Wachstumsgetränk« nun von Menschen (speziell Erwachsenen) zweckentfremdet, steigt die Wahrscheinlichkeit unkontrollierter Zellvermehrung an (besonders gefährdet sind Prostata und Brust). Kuhmilch ist eben an die Bedürfnisse der kleinen Kälber angepasst, genauso wie es für unsere Säuglinge die Milch der Frauen gibt. Mutter Natur hat die Zusammensetzung jeweils perfekt abgestimmt. Laut TCM fördert Milch auch die Verschleimung des menschlichen Körpers und damit das Risiko, sich im Winter mit Erkältungen herumschlagen zu müssen. Das habe ich am eigenen Leib erlebt: Seit ich kaum mehr Milchprodukte esse, bin ich kein einziges Mal erkältet gewesen, davor mehrmals pro Jahr.

Je höher der Milch-, Eier- und Fleischkonsum in einem Land, umso mehr der gängigen Zivilisationskrankheiten zeigen sich. Trotzdem kämpft die Tierproduktions-Lobby mit allen Mitteln darum, Fleischessen als gesundheitliche Notwendigkeit darzustellen. Studien, die tierische Nahrungsmittel in Verbindung mit Bluthochdruck, Diabetes oder Krebs sehen, werden bewusst zurückgehalten.

Prof. Dr. T. Colin Campbell, der Leiter der weltweit größten Ernährungsstudie (China-Studie) stellt klar: »Es gibt praktisch keine Nährstoffe in Nahrungsmitteln tierischen Ursprungs, die nicht in besserer Form von Pflanzen bereitgestellt werden.«[34]

Wer sich fleischlos ernährt, befindet sich in guter Gesellschaft. Auf ihrer Homepage hat die Tierfreundin **Nina Messinger** eine illustre Reihe von Persönlichkeiten zusammengetragen, die sich im Laufe ihres Lebens dafür entschieden oder zumindest deutlich mit dem Thema

---

34 Mehr Informationen zum gesundheitlichen Aspekt von fleischloser Ernährung finden sich im Internet unter www.fleisch-macht-krank.de oder auf www.provegan.info.

auseinandergesetzt haben. Hier seien einige davon genannt und um aktuelle Prominente ergänzt:[35]

Buddha, Pythagoras, Platon, Aristoteles, Sokrates, Laotse, Ovid, Franz von Assisi, Leonardo da Vinci, Immanuel Kant, Arthur Schopenhauer, Sigmund Freud, Berta von Suttner, Leo Tolstoi, Mahatma Gandhi, Wilhelm Busch, Charles Darwin, Sir Isaac Newton, Friedrich Nietzsche, Bernard Shaw, Albert Schweitzer, Albert Einstein, Mutter Teresa, Paul McCartney, Prince, Natalie Portman und andere.

Nina Messinger zitiert Albert Einstein: »Nichts wird die Chance auf ein Überleben auf der Erde so steigern wie der Schritt zur vegetarischen Ernährung.« Und Mahatma Gandhi: »Die Größe und den moralischen Fortschritt einer Nation kann man daran messen, wie sie die Tiere behandelt.« Fakt ist, dass der exzessive Fleisch- und Milchkonsum der westlichen Welt die Gesundheit vieler Menschen gefährdet, das Ökosystem Erde angreift (51 % aller Treibhausgase entstehen durch die Nutztierhaltung) und Milliarden an Lebewesen in der Massentierhaltung grausam quält. Zu enge Gehege, degeneriertes Futter mit Medikamentenzusatz, lange Transporte, perverse Zustände in den Großschlachthöfen, … Immer wieder gibt es einzelne Mitarbeiter, die das Schweigen brechen und erzählen, wie sich die grausamen Tötungen am Fließband auf die Psyche des Personals auswirken. Sadistische Tierquälerei scheint leider kein Einzelfall zu sein, sondern eine direkte Auswirkung der leidgetränkten Atmosphäre vor Ort. Informationen dazu hat **Jonathan Safran Foer** in seinem Buch »Tiere essen« zusammengetragen. Auch wenn wir in der Werbung treuherzig lächelnde Schweinchen sehen, die auf grünen Wiesen herumtollen – Tatsache ist, dass leider 98 % der verspeisten Tiere aus der industriellen Massenzucht stammen. Artgerechte Tierhaltung gibt es zwar, doch sie ist erschreckend selten.[36]

---

35 www.friede-im-herzen.at
36 Dahlke, Ruediger: Peace Food, S. 186

Der Mediziner **Ernst Walter Henrich** weist darauf hin, dass laut Berechnungen 50 % der Weltgetreideernte und 90 % der Weltsojaernte als Futtermittel für unsere Nutztiere Verwendung finden.[37] Somit kann sich jeder ausrechnen, ob es in Wahrheit nötig ist, dass eine Milliarde Menschen auf der Welt hungern müssen. Dazu kommt das Abholzen von Regenwäldern für neue seelenlose Monokulturen und das unappetitliche Thema der Nahrungsmittelspekulation. **Jean Ziegler** widmete diesen vielschichtigen Aspekten sein neues Buch: »Wir lassen sie verhungern«.

Doch es gibt auch Erfreuliches zu berichten: Die Problematik kommt langsam im Mainstream an. Gerade habe ich in einer Zeitschrift folgendes Inserat vom Land Oberösterreich entdeckt: »Fleisch essen verursacht weltweit fast 40 % mehr Treibhausgase als alle Autos, Lastwagen und Flugzeuge zusammen!«[38] In der Folge wird für »Krautstrudel statt Klimakrise« plädiert und für einen »Fleisch-Frei-Tag« pro Woche. Der Wunsch nach Aufklärung in der Bevölkerung wächst. Bücher über vegane und vegetarische Lebensweise schießen wie Pilze aus dem Boden und im Internet lässt sich viel Hilfreiches finden, von Statistiken bis zu Kochrezepten.

Als Deutschlands »Vegan-Koch Nr. 1« wird **Attila Hildmann** gefeiert. Seine Bücher »Vegan for Fun« und »Vegan for Fit« sind Bestseller geworden. Am Beispiel seines eigenen Körpers zeigt Hildmann, wie positiv sich eine vegane Lebensweise auswirken kann: vom Fettklops zum veganen Fitnessmodel. »90 % meines Trainings ist Ernährung!«, meint der Ironman Hildmann, der nach einem Herzinfarkt seines Vaters mit der fleischlosen Ernährung begonnen hatte. Seit 2012 initiiert er über Facebook »30 Tage Challenges«, wo sich Menschen beim Umstieg auf eine vegane Ernährung unterstützen lassen können.

37 www.peta.de/web/warum_vegan.71.html
38 www.fleischfrei-tag.at oder Zitat in Biorama Nr. 21, S. 23

Sein Kollege **Björn Moschinski** kocht seit 1999 vegan. 2011 eröffnete er in Berlin sein eigenes veganes Restaurant Kopps. Praktischerweise gibt es gleich nebenan einen der ersten veganen Supermärkte mit Vollsortiment: Veganz. Nach der Erfolgsstory Berlin will sein Geschäftsführer **Jan Bredack** nun auch in Frankfurt, Wien und weiteren Großstädten Fuß fassen. Über seine Homepage vernetzt sich bereits eine große Community, es werden Events, Filme und Kochkurse organisiert. Veganes Essen ist zu einem boomenden Geschäftszweig geworden, auf den langsam auch traditionelle Unternehmer aufspringen. In den Kühlregalen der Supermärkte finden sich immer mehr »Veggie«-Fertiggerichte. Hier lohnt es sich allerdings, das Kleingedruckte anzusehen, denn es gibt sehr große Qualitätsunterschiede! Soeben las ich via Facebook von der Idee einer Kennzeichnungspflicht für Lebensmittel, in »vegan«, »vegetarisch« oder »mit Tierprodukten hergestellt«. Eine gute Idee, um ein Bewusstsein dafür zu schaffen, wie viele Tierbestandteile eigentlich in »unverdächtigen« Industrieprodukten enthalten sind (Gelatine in Fruchtsäften, Schmalz in Brezeln, …).

Obwohl die vegane Lebensweise sehr gesund ist, wird immer wieder auf die Gefahr eines Vitamin-B12-Mangels hingewiesen. Denn Vitamin B12 wird von Mikroorganismen synthetisiert und primär über tierische Le-

bensmittel aufgenommen. Höhere Pflanzen können kein Vitamin B12 produzieren, somit ist es in pflanzlichen Lebensmitteln nur in Spuren zu finden. Allerdings ist der Boden selbst mit seiner reichhaltigen Bakterienflora ein wahres »Vitamin-B12-Paradies«. Die Aufnahme von B12 kann für Veganer zum Beispiel über ungewaschene Pilze, Früchte und Blätter (aus dem eigenen Biogarten) oder auch milchsaures Gemüse (Sauerkraut) geschehen. Es sind auch Ergänzungspräparate mit Vitamin B12 in Tablettenform im Handel und seit Neuestem ebenso eine Zahnpasta.

Der Eisenbedarf kann bei rein pflanzlicher Kost gut über Getreide und Hülsenfrüchte gedeckt werden, wobei sich die Aufnahme durch die Zugabe von Zitronensaft verbessern lässt. Calcium wiederum findet sich besonders in dunkelgrünen Gemüsesorten, in Getreide und Nüssen und in Soja.

Für alle Menschen, die noch unsicher sind, ob ihnen bei einer Ernährungsumstellung auf pflanzliche Kost etwas fehlen könnte, empfehle ich das Buch »Peace Food« von **Dr. Ruediger Dahlke,** in dem auch die oben erwähnte China-Studie genauer beschrieben wird.[39] Dr. Dahlke ist einer der Vorreiter für eine vegane Lebensweise. Gemeinsam mit seiner Partnerin **Rita Fasel** eröffnete er 2012 das vegane Zentrum TamanGa im Süden von Österreich. Umgeben von viel Natur leben die Seminargäste in liebevoll eingerichteten Holz-Lehm-Häusern und werden mit Speisen aus dem eigenen Permakulturgarten verwöhnt.

39 siehe Literaturhinweise

Ist Leben ohne Essen möglich?

»Ein gesunder Körper strahlt fünfmal so viel Energie ab, wie er an Kalorien mit fester Nahrung aufnimmt«, schreibt Dr. Ulrich Mohr[40] auf seiner Homepage. Und er fragt weiter: »Wo kommt sie her?« Mohr erwähnt die erstaunliche Ähnlichkeit des roten Blutfarbstoffes mit dem Chlorophyll der Pflanzen. Sollte es möglich sein, dass der menschliche Organismus unter bestimmten Voraussetzungen Licht direkt verwerten kann?

In seinem erfolgreichen Dokumentarfilm »Am Anfang war das Licht« geht Regisseur P. A. Straubinger (Foto) dem Phänomen »Lichtnahrung« nach.

Selbst wenn es für die traditionelle Wissenschaft unvorstellbar ist, scheint es doch immer wieder Menschen zu geben, die ohne Nahrung leben können. Hierzu existiert im Osten eine lange Tradition, seien es Yogis in Indien oder chinesische Qi Gong-Meister, die Jahrzehnte im sogenannten *Bi-Gu-Zustand* (ohne Essen) verbringen. Auch aus dem christlichen Kulturkreis Europas sind Fälle dokumentiert. Von 1926 bis zu ihrem Tod im Jahr 1962 soll **Therese Neumann** aus Konnersreuth in Deutschland nur von der täglichen heiligen Kommunion gelebt haben. 1927 wurde sie dazu über zwei Wochen lang durch Ärzte genauestens kontrolliert. Skeptiker gibt es

40 Mohr, Dr. Ulrich: http://julius-hensel.com/2011/05/der-darm-funktioniert-wie-ein-gemusegarten/

bei solchen Phänomenen natürlich, doch durch die moderne Medizin werden immer gezieltere Überprüfungen möglich. In Indien wurde der Yogi »**Mataji**« **Prahlad Jani** (Foto) bereits zweimal über 10 beziehungsweise 15 Tage streng überwacht. Obwohl er in der Zeit weder gegessen, getrunken noch Urin oder

Stuhl abgegeben hatte, waren die gemessenen Blutwerte innerhalb der definierten sicheren Grenzen. Unter diesen Bedingungen würde ein gewöhnlicher Mensch nach etwa drei Tagen an Selbstvergiftung sterben. Der verantwortliche Arzt Dr. Sudhir Shah vom Sterling Hospital spricht von einem »Wunder«. Prof. Dr. Amit Goswami, Quantenphysiker an der University of Oregon, sagt dazu: »Fälle wie der von Prahlad Jani sind sehr interessant, aber keine Einzelfälle. Was wie ein Wunder wirkt, ist offensichtlich eine Bewusstseinsleistung. Bewusstsein muss also in einer bestimmten Weise neue Materie erschaffen können.«[41]

Die eigentliche Begründerin des »Lichtnahrungsbooms« im Westen ist die Australierin **Jasmuheen,** die mit ihren Publikationen das Thema in die breite Öffentlichkeit getragen hat. Seither machten nach Schätzungen mehrere 1 000 Personen in Europa den von ihr beschriebenen »21-Tage-Lichtnahrungsprozess«. Obwohl nachher viele wieder zu essen anfangen, so sprechen sie doch von einer veränderten Beziehung zur Nahrung. Essen sei kein »Muss« mehr, um zu überleben, sondern könne sich konzeptfrei nach persönlichem Wohlgefühl gestalten.

Doch wo Licht ist, kann auch Schatten sein, wie das Beispiel einer Ostschweizerin aus dem Jahr 2011 zeigt: Sie verstarb nach mehrmonatigem Experiment mit »Lichtnahrung«.

41 Zitate von der Homepage www.amanfangwardaslicht.at

Um dem Phänomen »Lichtnahrung« auf den Grund zu gehen, unterzog sich der Wissenschaftler **Dr. Michael Werner** (Foto) 2001 einem Selbstversuch.[42] Seither lebt er nach eigenen Angaben ohne feste Nahrung und fühlt sich leistungsfähiger denn je. Er sagt: »Es geht nicht darum, nichts zu essen und zu trinken, sondern anders zu denken.« Was meint er damit?

Rudolf Steiner hat in einem seiner Vorträge davon gesprochen, dass Materie »geronnenes Licht« ist. Der Mensch »atmet« durch seinen ganzen Sinnesorganismus die ätherische Welt um sich ein und wird von dieser am Leben erhalten. Letztlich ernährt sich der Mensch also gar nicht

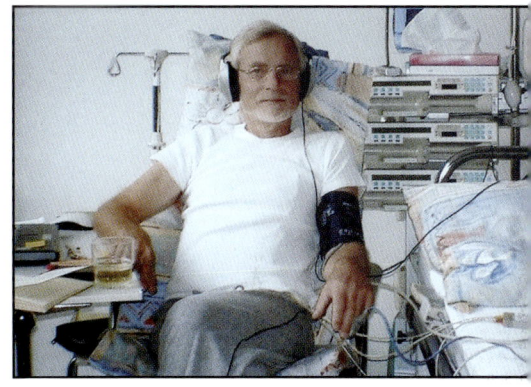

von Substanzen, sondern von der enthaltenen Information, von geordneter Energie. Die neue Physik hat hierzu das Phänomen der **Biophotonen** im Visier. **Prof. Fritz-Albert Popp,** der Pionier der Biophotonik, spricht vom Menschen als »Ordnungsräuber und Lichtsäuger«.

Lichtnahrung, Telepathie, … all das sind Phänomene, die mit den etablierten wissenschaftlichen Paradigmen nicht erklärbar sind. Doch ist es sinnvoll, Dinge einfach zu ignorieren, nur weil wir sie noch nicht verstehen können? Jedes wissenschaftliche Weltbild stellt letztlich eine Vereinfachung der Wirklichkeit dar, um sie überhaupt beschreiben zu können. Daraus folgt, dass diese Gesetze von Zeit zu Zeit angepasst werden müssen. Fortschritt geht immer vom Rand aus, nämlich dann, wenn mutige Einzelkämpfer das gängige Weltbild in Frage stellen und erweitern.

---

42 Ich weise ausdrücklich darauf hin, dass hier keinerlei Empfehlung für Nachahmungsversuche gegeben wird.

Die seelische Botschaft
der Lebensmittel

In unserer materiell orientierten Gesellschaft wird die Bewertung von Produkten hauptsächlich nach physisch messbaren Eckdaten vollzogen: chemische Zusammensetzung und Kalorienanzahl, Vitamine, Mineralstoffe, Spurenelemente, … Was nicht gewogen und unter dem Mikroskop gesehen werden kann, zählt nicht. Nun stimmen aber alle alten Kulturen darin überein, dass unser Leben auf mehreren Ebenen gleichzeitig stattfindet. Parallel zur physischen Welt gibt es auch **feinstoffliche Dimensionen:** die vital-energetische, emotionale, mentale und seelisch-geistige Ebene. Sie unterscheiden sich in ihrer »Feinheit«, also in der Schwingungsfrequenz. Genauso wie wir bei einem Radiosender auf unterschiedlichen Frequenzen ganz andere Programme empfangen, so können sensible Menschen »Tiefendimensionen« im Alltag wahrnehmen, die für die Mainstream-Wissenschaft schlichtweg nicht existieren. Doch die moderne **Quantenphysik** beginnt, sich den alten Traditionen anzunähern. Je tiefer die Forscher in die Materie hineinblicken, umso mehr erkennen sie, dass kein Stoff fest und unabänderlich ist. Materie wird zur Welle, zur Schwingung. Und diese löst sich letztlich in Bewusstsein auf. Wissenschaftliche Studien machen deutlich, dass der Beobachter den Ausgang seines Experimentes mit beeinflusst. Nichts kann daher rein »objektiv« betrachtet werden. Alles Leben ist Beziehung. Die alte Trennung zwischen Geist und Materie, wie sie seit Descartes vorgenommen wird, ist unzureichend. Versuche auf dem Feld der **Epigenetik** sind besonders für Geistheiler bestätigend: So wurde bewiesen, dass sich Gene (also Materie) durch seelische Erfahrungen und soziale Lebensbedingungen ein- und

wieder ausschalten lassen. Das bedeutet, dass sich immaterielle Einflussfaktoren direkt auf die Zellen und damit auf die Gesundheit des Körpers auswirken können. »Wissenschaft ist Irrtum auf den letzten Stand gebracht«, sagte der Chemiker Linus Carl Pauling.

Was bedeutet das für unsere Lebensmittel? Lassen Sie sich nicht von der Optik eines glänzenden Apfels oder dem Duft eines aufgebackenen Brötchens im Supermarkt täuschen. Bleiben Sie nicht an der Oberfläche stehen! Wie hochwertig und bekömmlich ein Lebensmittel wirklich ist, zeigt sich vielfach auf subtileren Ebenen. Dafür gilt es, die eigene Wahrnehmung und ein Bauchgefühl für das, was Ihnen selbst guttut, zu schulen. Jedes Lebewesen besitzt ein spezifisches Energiefeld, in dem die Lebensenergie zirkuliert und dadurch den physischen Leib erhält. Die Chinesen nennen sie *Chi,* die Inder *Prana.* Wilhelm Reich sagte dazu *Od.* Eine optisch perfekte, doch in einer Fabrikhalle mit Kunstlicht gezogene Tomate wird typischerweise keine so starke vital-energetische Ausstrahlung haben wie eine frische Frucht aus dem eigenen Garten. Kräuter aus dem Wald hinter dem Haus sind meistens heilkräftiger als ihre Geschwister aus der Massenproduktion. Schließlich müssen sie sich in der »freien Wildbahn« gegen viele Mitbewerber durchsetzen und bekommen kein »gemachtes Bettchen« zur Verfü-

gung gestellt. Um das Energiefeld von Pflanzen wahrnehmen zu können, wurden schon vielerlei Versuche gestartet. Manche Menschen, Schamanen und Aurasichtige, können es von Natur aus. Andere nutzen dazu die **Kirlian-Fotografie.** Diese bildet mittels eines elektrischen Hochfrequenzfeldes die Koronaentladungen von Lebewesen ab. Es

zeigen sich deutliche Unterschiede, je nachdem wie frisch eine Pflanze ist, wie ihre Wuchsbedingungen waren beziehungsweise wie sie zubereitet wurde.

Auch die Gefühlsatmosphäre, die wir Menschen rund um unsere Lebensmittel erschaffen, hinterlässt einen bleibenden Eindruck. Das betrifft die Bäuerin, die für eine Pflanze oder ein Tier sorgt. Damit ist genauso der Koch im Restaurant oder am heimischen Herd gemeint. Arbeiten sie gerne oder verwünschen sie ihren Job? Und zu guter Letzt bringt die Speisende selbst ihre Gefühle während der Mahlzeit mit ein. Schluckt sie mit dem Essen ihren Zorn und ihre Einsamkeit herunter? Oder speist sie in einer entspannten, friedvollen Atmosphäre? Die Altvorderen wussten schon, warum sie vor und nach dem Essen ein Dankgebet sprachen. Das Essen wird dadurch einfach bekömmlicher (wenn das Gebet mit Gefühlen der Dankbarkeit verbunden ist). Emotionen und Gedanken sind zwar unsichtbar, doch trotzdem sehr wirksam. Dieter Volkmann, emeritierter Professor der Universität Bonn, meint: »Pflanzen haben zwar keine Nerven in dem Sinn, wie der Mensch sie hat. Aber es gibt viele vergleichbare Strukturen.« Der feinfühligste Teil sitzt dabei in der Wurzel. Jede Pflanzenzelle hat eine Membran, die empfindlicher als das menschliche Hörorgan ist. In der Toskana wurden Versuche mit Musikbeschallung von Weinreben gemacht. Mozart, Haydn, Vivaldi, Mahler – die Musik lief 24 Stunden über 10 Jahre lang. Die beschallten Weinblätter wurden nachweislich größer, ihre Trauben aromatischer.[43] Was jeder weiß, der ein Haustier hat, wurde vor 10 Jahren nun auch für Pflanzen bestätigt: Amerikanische Forscher entdeckten bei ihnen sogenannte »Touch«-Gene. Werden diese berührungsempfindlichen Gene durch Streicheln und Massieren aktiviert, verbessert die Pflanze ihr Wachstum. Das gilt auch für das »Streicheln mit Worten«. Umfragen zufolge sprechen 25 % aller Frauen mit ihren Zimmerpflanzen. Obwohl dies von der Mainstream-Wissenschaft noch nicht erklärt werden kann, zeigen sol-

---

43 Bodderas, Elke: Pflanzen besitzen eine besondere Intelligenz, in: Die Welt, 11.1.2010

cherart liebkoste Pflanzen besseren Wuchs als Vergleichsprobanden, die nur gegossen werden.

Die naturverbundenen Völker mit **animistischer Weltsicht** tun sich da natürlich viel leichter. Für sie ist alles im Universum empfindsam und hat eine Seele – ob Stein, Pflanze, Tier oder Mensch. In amerikanischen Indianerstämmen trat vor der Jagd ein Medizinmann mit dem Geist des Opfertieres telepathisch in Kontakt. Er bat ihn darum, ihm einen oder mehrere Schützlinge als Nahrung für sein Volk zu überlassen. Dann wurde dem Geist Dankbarkeit erwiesen, zum Beispiel durch ein Rauchopfer. Mit der Jagdbeute ging man sehr achtsam um. Vom Fleisch über das Fell, die Hörner und Klauen wurde alles weiter verwendet. Das steht in krassem Gegensatz zu der heute bei uns üblichen Praktik. Unmengen an Lebensmitteln werden in der Industrie, in der Gastronomie und nicht zuletzt in den Privathaushalten pro Jahr in den Müll entsorgt. In Deutschland sollen es jährlich 11 Millionen Tonnen sein, 61 % davon fallen auf private Haushalte (Stand 2012).[44] Der Film »Taste the Waste« veranschaulicht das gut. Für die meisten Menschen intakter indigener Kulturen wäre so eine Verschwendung undenkbar und beschämend. Sie erleben sich eingebunden in die großen Kreisläufe von Mutter Erde, denen sie sich bestmöglich anpassen möchten. Das eigene kleine »Ich« wird dabei immer der Harmonie des großen Ganzen untergeordnet.

Krafttiere und -pflanzen sind ein wichtiger Aspekt in schamanisch geprägten Kulturen. Traditionell erwirbt sich jeder Medizinmann oder jede Schamanin durch ihre Initiationen einen oder mehrere Schutzgeister, die nun als Verbündete zur Verfügung stehen. Dabei hat jeder Hilfsgeist seine charakteristische seelische Qualität, die durch genaue Beobachtung des Tieres oder der Pflanze in der Natur herausgefunden wurde. Ein beliebtes Krafttier in verschiedenen Kulturen ist der Wolf. Die keltischen Druiden verehrten ihn wegen seines ausgeprägten Familiensinns. Gleichzeitig ist er freiheitsliebend und lässt sich nicht einschränken. Seine Kraft versammelt die ganze Bandbreite vom »Rudeltier« bis zum »einsamen Wolf«. Ein anderes

Beispiel ist der Bär. Er steht für Stärke und Schutz. Schließlich hat er »Bärenkräfte« und ein dickes Fell. Auch Pflanzen werden mit bestimmten tierischen Kräften assoziiert. Archetypische Bärenkraft weisen beispielsweise Bärlauch, Bärenwurz (Engelwurz) oder Bärenmutterkraut (Liebstöckel) auf.

Wie bereits im Kartendeck über die Wildkräuter[45] erwähnt, kann einer Pflanze, einem Stein oder einem Tier nicht nur eine seelische Botschaft zugesprochen werden, sondern man kann sich von verschiedenen Seiten annähern. Denn alle Lebewesen sind mehrdimensional und mit vielfältigen Qualitäten ausgestattet. Daher werden die seelischen Tier- und Pflanzenkräfte in unterschiedlichen Traditionen teilweise divergierend gedeutet. Je nach Blickpunkt des Schamanen, dem Bedürfnis der Menschen oder der jeweiligen Zeitqualität treten bestimmte Facetten des Ganzen besonders in den Vordergrund. Die zugeordneten Bedeutungen sind wie verschiedene Türöffnungen zum »Seelenhaus« eines Tieres oder einer Pflanze. Ob ich nun die Fronttüre oder einen Seiteneingang wähle, ist letztlich nebensächlich. Hauptsache ich trete ein, das heißt, ich trete in Beziehung mit der Essenz dieses Lebewesens.

In dem Kartendeck, das vor Ihnen liegt, habe ich die seelische Bedeutung von 49 gebräuchlichen Lebensmitteln in heutiger Zeit heraus extrahiert und in einen Begriff gebündelt. Die zugehörige Affirmation kann für Sie eine Brücke bilden, um den Kontakt zur Seele dieses Lebewesens leichter aufnehmen zu können. Jede Pflanze, jeder Stein, jedes Tier spiegelt eine bestimmte Facette von uns selbst wider. In jedem Teil der Natur können wir uns neu und vertieft entdecken.

---

44 http://www.zeit.de/wissen/gesundheit/2012-03/lebensmittel-muell-mindesthaltbarkeitsdatum
45 Pelzl/Gruber: Wildkräuter – Heilkraft am Wegesrand, Königsfurt-Urania Verlag 2012

ARTISCHOCKE
Toleranz

„Dein Anderssein
ist eine Bereicherung
für mich!"

WEIZEN UND DINKEL
Goldene Mitte

„Ich wähle
das Angemessen[e]

ROTE RÜBE
Revolution

„Ich fordere
meine Rechte ein!"

Über die Verwendung des Kartendecks

Für das vorliegende Kartendeck habe ich die gängigsten und aussagekräftigsten Zutaten der mitteleuropäischen Küche ausgewählt. Es sind größtenteils heimische Pflanzen. Ausnahmen bestätigen die Regel: Banane, Kakao oder Avocado kommen von weit her, doch sie haben sich einen festen Platz in unserer Küche erobert. Vielleicht haben Sie auch schon die zwei Zusatzkarten für Wasser und Licht entdeckt, die ebenfalls sehr wichtige Themen für unsere Gesundheit ansprechen. Das Kartenset möchte Sie darin unterstützen, mehr Bewusstheit für die Lebewesen zu entwickeln, mit denen Sie sich durch das tägliche Essen verbinden. Welche seelische Aussagekraft besitzen die Pflanzen, die in Ihrem Magen-Darm-Trakt zerlegt und zu eigenen Körperzellen umgebaut werden? Wie beeinflussen sie Ihre Seele und Ihren Körper?

Werden wir konkret: Was sind das für Zutaten, mit denen Sie sich größtenteils ernähren? Interessant wäre es, zur besseren Übersicht einmal auf den Speiseplan für eine Woche zu schauen und eine Liste zu erstellen. Wenn Sie noch selber kochen, ist das leicht. Wenn Sie viel auswärts essen oder Fertiggerichte konsumieren, kann das schon gewisse detektivische Fähigkeiten erfordern. Sobald die Liste fertig ist, beschäftigt uns die Frage: Welches Nahrungsmittel erscheint besonders häufig? Lesen Sie die zugehörige seelische Botschaft auf den Karten durch. Leiden Sie vielleicht an Unverträglichkeiten? Welche Botschaft finden Sie dazu auf den Karten? Vielleicht können Sie ein bestimmtes Nahrungsmittel nicht ausstehen? Warum? Kann der Körper einen Inhaltsstoff davon nicht gut verdauen oder ist das zugehörige seelische Thema für Sie ein Gräuel? Fehlt Ihnen diese seelische Qualität oder haben Sie, ganz im Gegenteil, zu viel davon? Was können Sie tun, um in Ihrem Alltag hierin eine Balance herzustellen?

Karte für den Tag

Sie können sich intuitiv eine unterstützende Karte für den Tag aus dem Kartendeck ziehen. Hier folgt eine hilfreiche Meditation dazu:

Achten Sie darauf, dass Sie einige Minuten ungestört sind. Setzen Sie sich bequem und mit aufrechter Wirbelsäule hin und legen Sie die Karten aufgefächert vor sich. Schließen Sie nun die Augen und atmen Sie einige Male tief durch. Lassen Sie Ihren Geist zur Ruhe kommen ... Mit jedem Atemzug spüren Sie Ihren Körper besser ... Die vorbeiziehenden Gedanken treten immer mehr in den Hintergrund ... Es wird still in Ihrem Inneren. Spüren Sie, wo sich jetzt das Zentrum Ihres Seins befindet. Aus diesem Zentrum hinaus lassen Sie den Impuls kommen, eine Karte zu ziehen ... Welche Karte haben Sie genommen? Welche Botschaft erzählt die Karte, was löst sie in Ihnen aus? Nehmen Sie sich dafür einige Atemzüge Zeit ... Leben Sie derzeit diese Qualität? Genau passend, im Übermaß oder gar nicht? Was können Sie tun, damit diese Kraft in Ihrem Alltag in Einklang mit Ihren Herzenswünschen kommt?

Manchmal reicht schon dieses Bewusstmachen, um eine ausgleichende Wirkung im Leben zu initiieren. Sie können den Effekt verstärken, indem Sie die Karte an einen Ort stellen, wo Sie das **Bild** während des Tages immer wieder zu Gesicht bekommen (z. B. am Arbeitsplatz, auf dem Esstisch oder Nachtschrank). Eine weitere Möglichkeit ist, mit der zugehörigen **Affirmation** zu spielen. Durch die EMDR[46] wurde bekannt, dass unterschiedliche Augenstellungen verschiedene Bereiche im Hirn ansprechen. Daher ist es sehr effektiv, während des Wiederholens von Affirmationen die Augen zu bewegen, wie es in

---

46 Eye Movement Desensitization and Reprocessing (Desensibilisierung und Wiederaufarbeitung durch Augenbewegung): ein komplexes psychotherapeutisches Verfahren, das seit Mitte der 90er-Jahre in der Traum-Therapie eingesetzt wird

der Kinesiologie (Lehre von der Bewegung) gerne verwendet wird. Sie können also einige Male am Tag den Satz laut wiederholen und dabei mit den Augen (Kopf bleibt ruhig) große Kreise malen oder auch liegende Achten. So wird das Thema stärker in Ihrem Unbewussten verankert. Ein positiver Nebeneffekt: Sie dehnen gleichzeitig Ihre Augenmuskeln, die bei sehr vielen Menschen in unserer Computer- und Lese-Gesellschaft chronisch verspannt sind. Affirmationen dienen dazu, den inneren Raum zu erweitern, und nicht, sich das Leben »rosarot« zu pinseln. Allen, die dazu neigen, Ungeliebtes zu verdrängen, empfehle ich die Karte »Olive«. Sie bewirkt »Ent-Täuschung« und hilft damit, den eigenen Schatten auf eine sanfte Art kennenzulernen.

Eine weitere Möglichkeit besteht darin, sich mit dem Lebensmittel in seiner **natürlichen Umgebung** zu beschäftigen. Schauen Sie sich an, wie eine bestimmte Zutat als Pflanze aussieht. Wie sie wächst, woher sie kommt. Gibt es vielleicht Sagen oder Geschichten darüber? Wissenswertes dazu finden Sie auch in diesem Buch. Und schließlich: Welchen medizinischen Nutzen bringt die Pflanze? Welche köstlichen neuen Gerichte könnten Sie vielleicht mit dieser Zutat ausprobieren?

Die Auswahl von nur 47 (plus 2) Nahrungsmitteln aus der Fülle an möglichen Zutaten war wahrhaft schwierig zu treffen. Viele wichtige Protagonisten musste ich – völlig unverdient – aus Platzgründen beiseitelassen. Einige Nahrungsmittel, die Sie im Buch vielleicht vermissen, habe ich bereits im ersten Kartendeck »Wildkräuter – Heilkraft am Wegesrand« beschrieben, so die Haselnuss oder den Apfel.[47] Andere Pflanzen müssen noch etwas warten. Ich habe sie für kommende Kartendecks reserviert, die zum Thema »Gewürze« und »Wildfrüchte« geplant sind. Und schließlich werden Sie tierische Produkte und Zucker nicht finden. Durch den übermäßigen Konsum in unserer Gesellschaft, kann ich ihren gesundheitlichen Nutzen nicht mehr propagieren.

---

47 Pelzl/Gruber: Wildkräuter – Heilkraft am Wegesrand, Königsfurt-Urania Verlag 2012

Die angegebenen **Nährwerte** auf den Kartenrückseiten gelten für 100 g Rohware (verzehrbarer Anteil) und wurden der Österreichischen Nährwerttabelle (ÖNWT) entnommen.

Neben der Angabe der Makronährstoffe suchte der Ernährungswissenschaftler Josef Gangl jene Inhaltsstoffe heraus, die für unsere Ernährung besonders wichtig sind oder wo es leicht zu Defiziten kommen kann. Die Werte der Datenbank sind selbstverständlich Mittelwerte und können je nach Bodenbeschaffenheit, Anbaumethode, Kultursorte und Lagerung schwanken. Wildkräuter und alte Kultursorten enthalten in der Regel wesentlich mehr Vitalstoffe als hochgezüchtete Exemplare.

Seelische Botschaft

Bei der Artischocke geht es um die Vielfalt in der Einheit. Das Fremde stellt keine Bedrohung dar, sondern erweitert meinen Horizont. Ich kann die Unterschiede zwischen den Menschen klar sehen und diese genießen.

Im größeren Maßstab bringt die Karte einen Impuls für Völkerverständigung und friedliche Lösung von Konflikten.

Cynara scolymus
Familie: Korbblütler
Heimische Ernte verfügbar: Juli bis September
Thermische Qualität: erfrischend
Körperliche Wirkung: fördert Leber und Galle

Nährwerte: Energie 92 kJ / 22 kcal
Eiweiß 2,4 g ▪ Fett 0,1 g ▪ Kohlenhydrate 2,6 g
Ballaststoffe 10,8 g ▪ Folsäure 68 µg ▪ Vitamin C 7,6 mg
Calcium 53 mg ▪ Eisen 1,5 mg ▪ Zink 0,5 mg

 (Cardi)

Vitamine werden in ihrer Kurzform (Vitamin A, B1, …) oder mit ihrem chemischen Namen benannt. Zur Orientierung finden Sie hier eine Auflistung der Synonyme: Retinol (Vitamin A), Thiamin (Vitamin B1), Riboflavin (Vitamin B2), Niacin (Vitamin B3), Pantothensäure (Vitamin B5), Pyridoxin (Vitamin B6), Biotin (Vitamin B7), Folsäure (Vitamin B9), Cobalamin (Vitamin B12), Ascorbinsäure (Vitamin C), Ergo-/Cholecalciferol (Vitamin D), Tocopherol (Vitamin E), Phyllochinon (Vitamin K). Vitamin B und C sind wasserlöslich, alle anderen sind fettlöslich. Manche Vitamine kommen in Pflanzen in einer Vorstufe vor, zum Beispiel Provitamin A (Carotinoid). Es wird nach dem Verzehr im Körper zu Vitamin A

umgewandelt. Vitamin A selbst findet sich nur in tierischen Lebensmitteln. Wissenschaftliche Quellen geben daher bei Pflanzen immer ein Äquivalent an, im Fall von Vitamin A das Retinol-Äquivalent.

Die Angaben zur **thermischen Qualität** erfolgen gemäß Barbara Temelie (Ernährung nach den Fünf Elementen) und Ruediger Dahlke (Essens-Glück).

Die **Zeitangaben** zur heimischen Ernte beziehen sich auf den deutschsprachigen Raum.

Grundsätzlich sollte man versuchen, regionale Produkte in **Bioqualität** zu kaufen. **Fairtrade** und andere Unternehmen, die sich dem fairen Handel verschrieben haben (One World, Fairglobe, Hand in Hand, Rainforest Alliance u. a.) beziehen sich mit ihrem Siegel auf ausländische Produkte. Doch auf fairen Handel gilt es möglichst immer und überall zu achten. Da Angebote dieser Art meistens besser in Bioläden zu erhalten sind, dürfen Sie diese auch gerne unterstützen.

Und jetzt geht es los! Entdecken Sie nun die pflanzlichen Basis-Bestandteile unserer Kochkultur neu: als Seelenfreund, als Kraftnahrung und als Heilmittel.

Informationen
zu den 49 Lebensmitteln

Aprikose / Marille

Aprikosen sind die Steinfrüchte eines kleinwüchsigen Baumes oder Strauches aus der Familie der Rosengewächse. Sie sind fast kugelig, gelb-orange und färben sich auf der Sonnenseite oft rötlich ein.

Geschichte

Als Herkunftsland der Aprikose wird in der Literatur China oder auch Indien angegeben, wo sie vor ca. 5000 Jahren kultiviert wurde. Etwa 300 v. Chr. kam sie über Armenien nach Europa und wird heute in vielen warmen Ländern angebaut. Traditionell gilt die Marille als Symbol für die weiblichen Genitalien und als Aphrodisiakum.

Haus-Apotheke

Aprikosen wirken blutbildend, verdauungsfördernd, appetitanregend und entwässernd (z. B. bei geschwollenen Beinen). Ihr Gehalt an Carotin unterstützt die Sehkraft, die Haut und den Stoffwechsel. Lycopin, ein weiteres Carotinoid, schützt die Lungenschleimhäute von starken Rauchern und wirkt allgemein krebshemmend. Es findet sich hochkonzentriert in den getrockneten Früchten (ungeschwefelte ver-

Prunus armeniaca   120

wenden!). Marillen stärken blutarme, blasse Menschen und verlangsamen durch die enthaltenen Antioxidantien den Alterungsprozess der Zellen. Ein Großteil der hilfreichen sekundären Pflanzenstoffe muss jedoch noch erforscht werden.

Roh verzehrte Marillen sind ein traditionelles **Durchfall-Mittel, getrocknete** haben hingegen eine **abführende Wirkung.**

Küche

Marillen werden gerne als Zwischenmahlzeit, im Obstkuchen oder als Marmelade gegessen bzw. zu Schnaps gebrannt. Auch pikanten Gerichten können sie eine besondere Note verleihen (z. B. Currys). Japaner lieben sie grün geerntet und in Salz eingelegt *(Umeboshi)*. Der Samen im Marillenstein schmeckt süß oder bitter, ähnlich wie bei der Mandel. Die bittere Variante wird zur Herstellung von Amaretto verwendet und sollte nicht roh gegessen werden (Vergiftungsgefahr!).

Frühstücks-Kraftbrei

- ✗ *5 EL Hirseflocken mit heißem Wasser zu einem Brei anrühren.*
- ✗ *3 TL Samen (Sesam, Lein oder Mohn) fein schroten und mit etwas geriebenen Nüssen, Ahornsirup und geschnittenen Marillen zum Brei geben.*

Artischocke

Die Artischocke gehört zur Familie der Korbblütler und ist eine distel-
artige mehrjährige Pflanze, die 30 cm bis 2 m hoch wird. Im Vergleich
zur Wildform sind die essbaren Blütenstände besonders groß gezüchtet. Sie werden in geschlossener Form, noch vor der Blüte geerntet. Es
gibt verschiedene Sorten der Artischocke, die sich jeweils in der Farbe der Hüllblätter unterscheiden. Bei der *Cardy* (Gemüseartischocke)
werden die fleischigen Blattstiele verspeist.

Geschichte

Bereits in der Steinzeit aßen die Menschen gerne die Blütenböden von
Disteln. Die Kultivierung der frostempfindlichen Artischocke begann
etwa um 100 n. Chr. im südlichen Mittelmeerraum. Ausgehend von
Ägypten wurde sie von den Arabern weiter bis nach Italien verbreitet. Im 15. Jahrhundert gelangte sie dann nach Frankreich und Groß-
britannien und galt dort lange Zeit als exklusive Delikatesse des Adels
und als Aphrodisiakum.

Haus-Apotheke

In den Blättern und Wurzeln der Artischocke, also in den Teilen, die meistens weggeworfen werden, steckt die größte Heilkraft. Wirksam sind sekundäre Pflanzenstoffe wie z. B. die Flavonoide. Artischocken fördern den Leberstoffwechsel und regen die Gallenbildung an. Sie wirken appetitanregend, entgiftend und lösen Stauungen. Außerdem senken sie den Cholesterinspiegel im Blut, regen die Nieren an und beruhigen die Nerven. Ihr hoher Folsäuregehalt wirkt sich in der Schwangerschaft positiv aus. Wie der Topinambur oder auch die Pastinake enthalten Artischocken viel Inulin, ein Ballaststoff, der nicht verdaut wird und präbiotisch wirkt d. h. bestimmte positive Bakterien im Dickdarm begünstigt.

Artischocken-Tee hilft bei vielen Stoffwechselerkrankungen wie chronischem Durchfall, Rheuma und Übersäuerung. Dazu ein Stück des bitteren Stiels kochen und, mit etwas Honig gesüßt, schluckweise über den Tag verteilt trinken.

Ein **Aperitif aus Artischocken** wird vor einem üppigen Essen empfohlen.

Küche

Verzehrt werden die Ansätze der fleischigen Blütenblätter und der Blütenboden, der als Feinschmeckergemüse gilt. Dazu werden die Artischocken so lange gekocht, bis sich die Blätter lösen lassen (20–45 Minuten, mit etwas Zitronensaft, um die Farbe zu erhalten). Die unter den Blättern liegenden Härchen, das sogenannte »Heu«, ist nicht essbar. Bei jungem Gemüse kann die ganze Blüte verspeist werden. Ausgezeichnet schmecken auch die kalten, in Öl und Essig eingelegten Mini-Artischocken, z. B. auf der Pizza Carciofi.

Vegane Pizza Carciofi

✗ 400 g Weizenmehl mit 200 ml warmem Wasser,
1 Päckchen Trockenhefe, 2 EL Olivenöl und 1 gestrichenen
TL Salz zu einem geschmeidigen Teig verkneten.

✗ 45 Minuten abgedeckt ruhen lassen, bis sich das Volumen
deutlich vergrößert hat.

✗ Dann den Teig durchkneten, auf einer bemehlten Fläche
ausrollen und auf ein mit Olivenöl befettetes Backblech
geben.

✗ 1 Dose gestückelte Tomaten darauf verteilen, danach
eingelegte Artischocken und je nach Geschmack zusätzlich
Zwiebelringe, Kapern und Oregano.

✗ Statt Käse ½ Tasse Hefeflocken mit 1 EL Weizenmehl und
2 EL Maisstärke vermischen.

✗ Unter stetem Rühren 1½ Tassen Wasser hinzufügen und
die Creme kurz aufkochen lassen.

✗ Vom Herd nehmen und 60 ml Öl hinzufügen sowie Salz,
Pfeffer, Paprikapulver und etwas Senf.

✗ Die Masse etwas abkühlen lassen, dann auf der Pizza verteilen und bei 220 °C ca. 20 Minuten backen.

Aubergine/ Melanzani

Die Aubergine, auch Melanzani oder Eierfrucht genannt, ist eine mehrjährige krautige Pflanze und gehört zur Familie der Nachtschattengewächse. Sie produziert keulenförmige Früchte mit intensiver schwarz-violetter Farbe. Andere Sorten sind weiß und eiförmig oder violett-gemustert. Die Früchte sind wegen ihres hohen Solaningehalts im Rohzustand giftig.

Geschichte

Melanzani wurden wahrscheinlich vor 4000 Jahren in Asien kultiviert. Über den arabischen Raum gelangten sie zunächst nach Spanien und im 15. Jahrhundert nach Italien. Heute wächst die weltweite Auberginen-Produktion kontinuierlich.

In Indien testete der Monsanto-Konzern gemeinsam mit einer indischen Saatgutfirma gentechnisch veränderte Sorten in groß angelegten Freilandversuchen, was zu massiven Widerständen in mehreren Bundesstaaten führte.

Haus-Apotheke

Die Aubergine besteht zu 92 % aus Wasser und ist sehr kalorienarm. Sie enthält eine Vielzahl an Vitalstoffen, die sich überwiegend in der Schale finden. Melanzani wirken entwässernd, entzündungshemmend und helfen bei Rheuma und Nierenleiden. Außerdem senken sie den Cholesterinspiegel.

Ihre Bitterstoffe lösen Krämpfe und regen die Verdauung an. Bioaktive Farbstoffe (Terpene) schützen die Körperzellen und wirken krebshemmend. Auberginen enthalten auch Folsäure und werden in der Schwangerschaft und Stillzeit empfohlen.

Eine **Auberginen-Gesichtsmaske** reinigt die Haut von öligen Rückständen. Dazu das pürierte Fruchtfleisch mit Joghurt vermischen und 20 Minuten auflegen.

Küche

Auberginen spielen besonders in der orientalischen und mediterranen Küche eine wichtige Rolle, wir finden sie im *Moussaka, Baba Ghanoush* oder *Ratatouille.* Sie werden vor der Weiterverarbeitung oft in Scheiben geschnitten und gesalzen, um Bitterstoffe aus der Schnittfläche zu ziehen. Beim Braten saugen Auberginen sehr viel Fett auf, deshalb anschließend mit Küchenpapier abtupfen.

Ratatouille

- ✗ Tomaten heiß überbrühen, schälen und in größere Würfel schneiden.
- ✗ 1 würfelig geschnittene Melanzani salzen und eine halbe Stunde ausschwitzen lassen. Dann abschwemmen, trocken tupfen, in etwas Olivenöl anbraten und herausnehmen.
- ✗ 1 Zucchini und 1 grünen Paprika klein schneiden, anbraten und herausnehmen.
- ✗ 1 Zwiebel und 1 – 2 Zehen Knoblauch fein hacken und glasig dünsten.
- ✗ 1 Lorbeerblatt und 1 TL Thymian dazu geben und mit etwas Essig ablöschen.
- ✗ Nun alles Gemüse in den Topf geben und ca. 15 Minuten auf kleiner Flamme dünsten. Salzen, pfeffern und mit gehacktem Basilikum oder Thymian servieren.

Avocado

Die Avocado wächst auf einem bis zu 15 m hohen, immergrünen Baum, der in warmen, trockenen Gebieten gedeiht. Er gehört zur Familie der Lorbeergewächse. Die Früchte sind eigentlich Beeren und können bis zu 2,5 kg wiegen. Sie reifen nicht am Baum aus, sondern fallen im noch harten »grünen« Zustand zu Boden. Weltweit existieren rund 400 verschiedene Sorten. Bekannt sind die grünen birnenförmigen *Fuerte* sowie die rundlichen dunkelvioletten *Hass-Avocados*.

Geschichte

Die Avocado hat ihren Ursprung in Zentralamerika und wurde dort schon vor 8000 Jahren gegessen. Später nahmen sie die Spanier bis in die Karibik und nach Südamerika mit. In den Mittelmeerländern wird sie erst seit dem 20. Jahrhundert angebaut. Der Name Avocado geht ursprünglich auf das aztekische Wort für Hoden zurück.

Haus-Apotheke

Avocados haben den höchsten Fettgehalt aller bekannten Obst- und Gemüsearten, vor allem ungesättigte Fettsäuren, aber kein Cholesterin. Sie wirken vorbeugend gegen Darminfektionen und bei Durchfall. Studien haben bewiesen, dass die Avocado vor einer Reihe von

Krebsformen schützt, speziell vor Prostatakrebs. Auch bei Menstruationsbeschwerden ist es hilfreich, wöchentlich 1 – 2 Avocados zu sich zu nehmen.

Eine **Gesichtsmaske** aus der zerdrückten Frucht hilft bei Problemen mit trockener und schuppiger Haut.

Als **Haarpflege** das pürierte Fruchtfleisch einmassieren, den Kopf mit einer Folie und einem Handtuch bedecken und eine Stunde einwirken lassen. Danach ausspülen und normal waschen.

Küche

Eine Avocado ist dann reif, wenn die Schale auf Druck leicht nachgibt. Um das Braunwerden der aufgeschnittenen Frucht zu verhindern, können Sie sofort etwas Zitronensaft aufträufeln.

Guacamole-Dip

- ✗ **Das Fruchtfleisch von 2 reifen Avocados mit der Gabel fein zerdrücken und sofort mit dem Saft von 1 Limette (alternativ 1 Zitrone) mischen.**
- ✗ **Dann 2 kleine Tomaten, 1 kleine Schalottenzwiebel, 2 Knoblauchzehen und 1 Bund frischen Koriander fein hacken und gemeinsam mit etwas Chili-Öl (alternativ gehackte frische Chilischote), Salz und Cayennepfeffer in die Masse mischen.**

Banane

Bananen sind immergrüne, ausdauernde und krautige Stauden. Ihr Stamm wird aus Blattscheiden gebildet und kann bis zu 10 m hoch werden. Zur Gattung der Bananen zählen rund 100 Arten, wobei einige davon essbare Früchte bilden: die *Dessertbanane* und die *Kochbanane*. Letztere ist grün bis rot und wird in den Ursprungsländern gekocht oder gegrillt verspeist.

Geschichte

Die Banane stammt ursprünglich aus der Inselwelt Südostasiens. Um 1500 n. Chr. begannen portugiesische Siedler, die ersten Plantagen in der Karibik und in Mittelamerika zu gründen. Ihr Name leitet sich wahrscheinlich aus einer westafrikanischen Sprache ab. Seit die Banane in Monokulturen angebaut wird, sind die meisten Sorten krankheitsanfälliger geworden. In der Gentechnik wird nun intensiv nach resistenten Sorten geforscht.

Haus-Apotheke

Die Banane ist durch ihren hohen Gehalt an Trauben- und Fruchtzucker sehr energiereich. Sie stärkt das Herz-Kreislauf-System, schützt die Magen- und Darmschleimhaut und vertreibt das »Kater-Gefühl« am Morgen nach einer durchzechten Nacht. Außerdem ist sie ein klas-

sisches Antistressmittel. Aus der enthaltenen Aminosäure Tryptophan wird zunächst Serotonin produziert, unser Glücks- beziehungsweise Wohlfühlhormon, das im Körper viele Regelfunktionen hat. Aus dem Serotonin entsteht dann das Hormon Melatonin, das für einen tiefen, erholsamen Schlaf sorgt.

Achtung vor zu viel Bananen im Winter: In der TCM gilt sie als verschleimend und wird in der Erkältungszeit gemieden.

Als **Stimmungsaufheller** vor der Menstruation 3 x täglich eine Banane essen.

Als **Power-Snack** für Zwischendurch eignen sich auch getrocknete Bananenchips aus dem Reformhaus (ohne Zucker-Zusatz!).

Küche

Legen Sie Bananen nicht in die Nähe von Äpfeln oder Tomaten, weil sie sonst schnell braune Flecken bekommen. Und kaufen Sie mit gutem Gewissen Fair-trade-Bananen aus Bioanbau! Auf Grund ihrer langen Reifezeit (von bis zu 20 Monaten) sammelt sich in konventionell gezogenen Früchten eine Fülle von Giftstoffen an.

Gebratene Banane
✗ *Halbieren Sie die Banane der Länge nach und braten Sie diese mit etwas Kokosfett beidseitig in einer Pfanne.*
✗ *Dann etwas Ahornsirup darauf träufeln und mit Kokosraspeln bestreut servieren.*

Mandel-Bananen-Shake
✗ *300 ml Reismilch mit 50 g weißem Mandelmus, 2 EL Agaven-Dicksaft und einer kleinen Banane mixen.*
✗ *In der kalten Jahreszeit mit etwas Zimt bestreuen.*

Birne

Der Birnbaum gehört zu den Kernobstgewächsen der Rosengewächs-Familie. Er gedeiht von Mitteleuropa bis Nordafrika und über Persien und den Himalaya bis nach Ostasien. Heute sind ca. 5 000 Birnensorten bekannt. Neben seinen Früchten wird auch das Holz im Möbelbau und zum Schnitzen sehr geschätzt.

Geschichte

Der Birnbaum wurde bereits von den Babyloniern als heiliger Baum verehrt. Sein wissenschaftliche Name *pyrus* geht auf das griechische Wort für »Feuer« zurück.

Früher stand ein Birnbaum als wichtiger Schutz neben vielen Bauernhäusern. Seine Zweige wurden gerne über dem Stalltor angebracht, um Hexen zu verjagen.

Haus-Apotheke

Die Birne versorgt den Körper mit reichlich Flüssigkeit, sättigt und hilft den Organismus zu entgiften. Sie unterstützt das Herz-Kreislauf-System und senkt hohen Blutdruck. Birnen sind auch ein gutes Mittel bei Verstopfung und ihre Gerbsäuren wirken gegen Entzündungen im Darm. Wer jedoch unter akuten Darmproblemen leidet, sollte die Birnen besser als Kompott verkochen.

Die **Bärwurz-Birnhonig-Kur** wird von der heiligen Hildegard zum Entschlacken und Ausleiten von Giftstoffen empfohlen:

✗ *Dazu 1 kg Birnen ohne Gehäuse klein schneiden und daraus ein Mus kochen.*

✗ *Dieses mit 4 gehäuften EL »Birnhonig-Pulver« (Bärwurz, Galgant, Süßholz und Pfefferkraut – erhältlich im Fachhandel) und 50 g erwärmtem Honig kräftig vermischen.*

✗ *Davon 1 TL morgens nüchtern, mittags 2 TL und abends vor dem Zu-Bett-Gehen 3 TL einnehmen.*

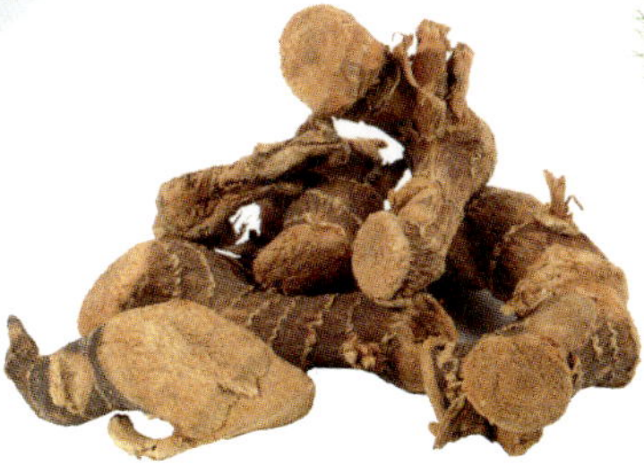

Küche

Birnen werden roh und als Trockenobst verzehrt sowie zur Herstellung von Birnenkraut, Kompott, Most und Obstbränden verwendet. Feinschmecker setzen sie auch zur geschmacklichen Ergänzung von Rohkostsalaten ein.

Brat-Birnen

✗ Wie beim Bratapfel die Birnen entkernen und mit Rosinen und gehackten Nüssen füllen.

✗ In eine feuerfeste Form stellen und den Saft einer frisch gepressten Orange darüber gießen.

✗ Im Rohr bei 220 °C backen, bis sie weich sind.

Blumenkohl / Karfiol

Blumenkohl wurde ursprünglich aus dem Gemüsekohl gezüchtet. Wie schon der Name verrät, werden die weißen, fleischigen Blütenspros-sen der Pflanze gegessen. Daher muss er geerntet werden, bevor seine Knospen austreiben. Er ist die zarteste und bekömmlichste Variante in der großen Kohlfamilie. Sein grüner Bruder, der *Romanesco,* weist im Blütenstand interessante fraktale (selbstähnliche) Strukturen und Fibonacci-Spiralen auf.

Geschichte

Die Vorfahren des Blumenkohls stammen aus Kleinasien. Von Zypern sollen Kreuzfahrer seine Samen zunächst nach Italien gebracht haben. Ab dem 16. Jahrhundert wurde er dort und auch in Frankreich ange-baut. Erst später breitete er sich in ganz Europa aus.
Die weiße Färbung des Karfiols wurde durch sorgfältige Züchtung ermöglicht: Große Hüllblätter halten das Sonnenlicht von der Blüte fern. Heute gibt es den Blumenkohl auch wieder in grünen und vio-letten Varianten.

Haus-Apotheke

Blumenkohl fördert den Aufbau von Knochen und Zähnen. Er hat eine positive Wirkung auf den Wasserhaushalt, den Cholesterinspiegel und den Blutdruck (bei salzarmer Zubereitung). Der Körper wird von innen gereinigt, was bei Arthritis, Asthma, Nieren- und Blasenleiden sehr unterstützend sein kann. Allgemein ist er eine ausgezeichnete, kalorienarme Schonkost und auch für Diabetiker geeignet.

Durch seinen hohen Gehalt an sekundären Pflanzenstoffen (wie Phytosterine und Glucosinolate) wirkt er krebspräventiv. Bei Schilddrüsenfehlfunktion nur in kleinen Mengen konsumieren.

Als nikotinhaltiges Gemüse wird Blumenkohl als begleitende Diät zur **Raucher-Entwöhnung** empfohlen.

Küche

Karfiol kann roh als Salat oder gekocht gegessen werden. Er sollte noch keine gelben oder braunen Flecken aufweisen. Die grünen Hüllblätter können zum Aromatisieren von Suppen verwendet werden. Der grüne Romanesco behält seine schöne Färbung durch kurzes Abschrecken in Eiswasser.

Wokgemüse

- ✗ 1 Blumenkohl in kleine Röschen teilen, 1 Lauchstange, 3 Karotten und 2 Paprika (gelb und rot) in feine Streifen schneiden.
- ✗ 2 Knoblauchzehen und 1 Stück frischen Ingwer schälen und fein hacken. Mit 3 EL Sesamkörnern im Wok kurz erhitzen, dann an den Rand schieben.
- ✗ Nun portionsweise das Gemüse mit etwas Öl scharf anbraten und die fertigen Stücke jeweils an den Rand schieben.
- ✗ Zum Schluss alles mit einem Schuss Sojasauce und 3 EL Wasser ablöschen und 3 Minuten garen lassen.
- ✗ Mit frischem Koriander, Salz und Pfeffer würzen, dazu schmeckt Langkornreis.

Brokkoli

Brokkoli (auch Sprossenkohl genannt) gehört zur Familie der Kreuzblütengewächse. Wie bei seinem Verwandten, dem Karfiol, werden die »Röschen« gegessen, also der noch nicht ausgereifte Blütenstand.
Brokkoli ist nicht besonders lagerfähig und wird im Winter aus Italien importiert oder als Tiefkühlware angeboten.

Geschichte

Brokkoli stammt ursprünglich aus Kleinasien und war zunächst nur in Italien bekannt. Die Römer brachten ihn dann nach Deutschland, wo er anfangs als »Spargelkohl« bezeichnet wurde.

Haus-Apotheke

Die sekundären Pflanzenstoffe des Brokkolis wirken krebspräventiv, z. B. bei Magen-, Bauchspeicheldrüsen-, Prostata- oder Blasenkrebs. Bereits 3 – 4 Portionen Brokkoli (auch roh!) in der Woche sind ein guter Schutz vor Polypen im Dickdarm[48] und eine sinnvolle Gebärmutterhalskrebs-Prophylaxe.
Außerdem senkt Brokkoli hohen Blutdruck und beugt durch das enthaltene Calcium Osteoporose vor. Seine Bitterstoffe regen die Verdau-

48 Béliveau/Gingras: Krebszellen mögen keine Himbeeren, S. 136

ungsdrüsen an. Die Ballaststoffe fördern die Darmperistaltik. Beides hilft beim Abnehmen.

Als **Kur zum Blutaufbau** (z. B. bei Eisenmangel nach der Menstruation) und in der Schwangerschaft verstärkt Brokkoli auf den Speiseplan setzen.

Küche

Brokkoli kann roh oder gekocht gegessen werden, wobei am besten der frische, dunkelgrüne Kopf verwendet wird. Auch die zarten Blätter und der geschälte Stängel sind essbar. Gelbe Röschen haben ihre Vitalstoffe bereits größtenteils verloren.

Brokkoli mit Mandelblättchen

✗ **Die gewaschenen Stiele kleinwürfelig schneiden und gemeinsam mit den zerkleinerten Röschen im Dampfgarer bissfest werden lassen.**

✗ **Einstweilen die Mandelblättchen in der Pfanne rösten.**

✗ **Dann die Brokkoliröschen mit etwas Öl, Muskatnuss, Salz, Pfeffer und den Mandeln bestreut servieren.**

Champignon

Der Champignon gehört zu den bekanntesten Speisepilzen und kommt weltweit vor. In der freien Natur existieren ca. 200 Arten. Der Zuchtchampignon *(zweisporiger Egerling)* ist der am meisten angebaute Speisepilz. Es gibt ihn in verschiedenen Größen und Farben. Einige Champignonarten riechen charakteristisch nach Anis.

Geschichte

Die Wiege der Mykotherapie liegt in China, wo man ihre heilenden Kräfte schon seit Jahrtausenden erforschte. Bei uns ging leider viel altes Wissen über Pilze verloren (unter anderem bei den Hexenverfolgungen). Pilze wurden früher auch *terra nati* (Kinder der Erde) genannt, weil sie »ohne Samen« wachsen.

Ihre ehemals wichtige Rolle (auch als psychodelische Substanz) spiegelt sich in vielen alten Sagen und Märchen wider. Die erste künstliche Champignonzucht wurde von Ludwig XIV. in Paris angelegt.

Haus-Apotheke

Der Champignon enthält viel Eiweiß. Getoppt wird er darin nur von Getreide, Hülsenfrüchten und Nüssen. Er stärkt das Immunsystem, wirkt tumorhemmend und leitet Toxine aus. Außerdem fördert (und fordert) er die Verdauung und senkt hohen Blutdruck. Da der Champignon zu 90 % aus Wasser besteht, hat er wenig Kalorien. Er wird bei Übergewicht empfohlen sowie als Diätnahrung für Diabetiker.

Heiler in China raten stillenden Müttern zu regelmäßigem Champignongenuss, um die Milchproduktion anzuregen. Über Pilze kann auch der Vitamin-B12-Haushalt verbessert werden (wichtig für Veganer). Wildpilze speichern leider gerne Schwermetalle und Radioaktivität. Der Genuss von Zuchtpilzen (am besten aus Bioanbau) gilt dagegen als völlig ungefährlich.

Küche

Pflücken Sie nur Pilze in der Natur, wenn Sie diese 100%ig zuordnen können (Vorsicht: Verwechslungsgefahr mit dem tödlichen Knollenblätterpilz!). Für alle Pilze gilt: Gut kauen und nicht zu spät am Abend essen!

Semmelknödel mit Pilzsauce

X   Für die Semmelknödel 1 fein gehackte Zwiebel in Öl
    rösten.

X   300 g Semmelwürfel (klein geschnittene, trockene Weiß-
    mehlbrötchen) mit 250 ml Soja-Drink übergießen und mit
    3 EL Sojamehl, 2 EL Olivenöl, 2 EL gehackter Petersilie,
    1 TL Salz, Pfeffer und etwas Muskatnuss vermischen.

X   Die Mischung 30 Minuten quellen lassen.

X   Dann mit feuchten Händen 6 runde, glatte Knödel formen
    und in einem großen Topf mit Wasser bei geringer Hitze
    15 Minuten ziehen lassen (nicht sprudelnd kochen!).

X   Währenddessen Pilze putzen und in mundgerechte Stücke
    schneiden.

X   Eine fein gehackte Zwiebel in Öl anrösten, Pilze hinzu-
    fügen, mit Mehl bestäuben und mit Gemüsebrühe
    ablöschen.

X   5 Minuten köcheln lassen, mit einem Schuss Soja-Creme,
    Salz, Pfeffer und Petersilie abschmecken.

Erbse

Die Gartenerbse gehört zur Familie der Hülsenfrüchte und ist eine einjährige krautige Pflanze. Sie wird heute weltweit in über 250 Sorten angebaut: als proteininhaltige Nahrung für Menschen und Tiere sowie als Gründüngung für ausgelaugte Ackerböden.

Geschichte

Den Anbau der Erbse kann man in Vorder- und Mittelasien bis in das 8. Jahrtausend v. Chr. zurückverfolgen. Sie spielte in vielen Ackerbaukulturen eine wichtige Rolle. In der Antike galt sie als Geschenk der Götter und als ein Symbol für Liebe, Fruchtbarkeit und Geld. Daher wurden frischgebackene Ehefrauen mit Erbsen überschüttet.

Ihre Bedeutung spiegelt sich auch in der Märchenwelt, so bei *Das Waldhaus* (von den Brüdern Grimm) oder *Prinzessin auf der Erbse* (von H. C. Andersen) wider.

Den Toten wurde sie für ihre Reise ins Jenseits mit ins Grab gegeben. Zunächst verwendeten die Menschen getrocknete Erbsen. Erst im 17. Jahrhundert züchtete man die heute gängigen Sorten, die grün (unreif) verspeist werden.

Haus-Apotheke

Grüne Erbsen haben einen ausgesprochen hohen Gehalt an Eiweiß. Sie regulieren den Blutdruck und versorgen den Körper mit Nerven- und Gehirnnahrung. Phenole und Flavonoide in den Erbsen beugen Krebs vor, halten die Gefäße elastisch und schützen den Zellstoffwechsel. Saponine senken den Cholesterinspiegel. Außerdem sättigen Erbsen gut und sind leicht verdaulich.

Im Ayurveda werden Jugendlichen und alten Menschen Erbsengerichte zur Stärkung der Knochen verschrieben. Enthaltene Phytoöstrogene wirken vorbeugend bei Osteoporose und bei Beschwerden in den Wechseljahren.

In Indien werden die Schalen von Erbsen zu Suppe verkocht, die empfängnisverhütend wirken soll.[49]

Küche

Erbsen gelangen heutzutage meist als Tiefkühlware, maschinell geerntet, aber auch in getrockneter Form in unsere Kochtöpfe. Frische Ware bekommt man auf dem Markt. Bei der Zuckererbse wurde die Pergamentschicht in der Hülse weggezüchtet. Hier kann die ganze frische Schote mit den gerade erst angelegten Körnern verzehrt werden.

49 Es handelt sich hier um keine besonders sichere Methode!

Gemüse-Curry

- ✗ ½ TL Kreuzkümmel mit 2 cm frischem Ingwer (geschält und klein geschnitten) und etwas Currypulver in 2 EL Öl erhitzen.
- ✗ 400 g Süßkartoffeln (oder normale Kartoffeln) schälen und würfeln. 2 Karotten in Scheiben schneiden.
- ✗ Alles in den Topf geben, mit 250 ml Wasser aufgießen und 10 Minuten garen.
- ✗ 200 g Zuckerschoten halbieren (alternativ: Erbsen nehmen), mit 200 ml Kokosmilch in den Topf geben und weitere 10 Minuten köcheln lassen.
- ✗ Mit etwas Mehl bestäuben und mit Salz und Pfeffer abschmecken.

Fenchel

Der Fenchel gehört zu den Doldenblütlern und ist eine zweijährige krautige Pflanze. Er wird
1 – 2 m hoch und riecht würzig
nach Anis. Beim Anbau im Garten wird nach Knollen-, Gewürz-
und Wildfenchel unterschieden.

Geschichte

Fenchel ist eines der ältesten
Heilmittel der Menschheit und
stammt aus Südeuropa. Schon
vor Jahrtausenden genoss er in
der altchinesischen Heilkunde
als Augenmedizin hohes Ansehen. In den alten ägyptischen Papyrus-
Dokumenten wird er als Brotsamen oder Frauenfenchel erwähnt. Hildegard von Bingen schätzte ihn sowohl als Küchengemüse als auch als
Gewürz und Arznei. Sie empfahl Fenchel u. a. für schöne Haut, guten
Körpergeruch und zur Verbesserung der Laune.

Haus-Apotheke

Fenchelsamen wirken wärmend und unterstützen die Verdauung bei
Magen-Darm-Schwäche. Sie sind das klassische »Bauchwehkraut« für
Kleinkinder und Säuglinge. Ihre ätherischen Öle haben antibakterielle
Wirkung und helfen bei Husten und Krämpfen aller Art. Das Kau-
en von Fenchelsamen wird bei Problemen mit den Augen (Entzün-
dung, müde Augen, Nachtblindheit) und Ohren empfohlen sowie bei
schlechtem Atem.

Fencheltee

✗ 1 TL leicht zerdrückte Fenchelsamen mit 1 Tasse Wasser
aufkochen und 8 Minuten ziehen lassen.

✗ Abseihen und lauwarm trinken.

Bei Husten bewährt sich **Fenchelhonig:**

✗ **Dazu 10 g Samen zerquetschen und mit 100 g Bienenhonig
10 Tage stehen lassen. Dann durch ein feines Sieb
abgießen.**

✗ **Alternativ kann auch 1 Tropfen Fenchelöl mit 1 EL Honig
eingenommen werden.**

Küche

Die Fenchelknolle kann roh als Salat oder gekocht gegessen werden,
wobei das Grün gerne als Garnierung verwendet wird. Die Samen vom
Fenchel werden auch zur Herstellung von Spirituosen verwendet (z. B.
Ouzo).

Fenchelsalat

✗ **1 Birne und 1 Fenchel fein hobeln und mit dem Saft einer
½ Zitrone, Sesamöl, Salz und Pfeffer würzen.**

✗ **Mit frischen Sprossen bestreut servieren.**

Gartenbohne

Die Gartenbohne, auch Fisole genannt, gehört zu den Schmetterlingsblütlern und ist einjährig. Grundsätzlich gibt es Tausende verschiedene Arten von Bohnen in unterschiedlichen Farben und Größen. Man unterscheidet Filetbohnen (mit fleischiger, grüner Hülse) und Kernbohnen, bei denen die Samen genutzt werden. Bohnen können sich besonders gut an verschiedene Klimabedingungen anpassen.

Geschichte

Die wilden Vorfahren der Gartenbohne kommen aus Südamerika. Funde aus Peru belegen ihre Kultivierung seit mindestens 8000 Jahren. In Amerika war die Gartenbohne neben dem Kürbis und dem Mais für lange Zeit die wichtigste Nahrungspflanze. Nach Europa gelangte sie erst im 16. Jahrhundert.

Haus-Apotheke

Bohnen enthalten besonders viel Eiweiß. Ihre Ballaststoffe quellen während des Verdauungsprozesses auf und transportieren Schadstoffe aus dem Darm ab. Das enthaltene Quercetin wirkt antioxidativ und krebshemmend.

Die Hülsen von grünen Bohnen haben eine insulinähnliche Wirkung und regulieren den Blutzuckerspiegel bei Diabetikern. Fiebernde, Herz- und Darmkranke sollten auf den Genuss von Bohnengerichten

verzichten. Sie können stattdessen Keimlinge aus Bohnen ziehen, diese sind sehr gut verträglich.

Bohnenhülsentee

✗ **Eine Handvoll getrocknete Hülsen (aus der Apotheke) in 0,5 l Wasser kochen bis eine dicke Brühe entsteht.**

Diese über den Tag verteilt lauwarm trinken. Der Tee kann gegen Harnsteine vorbeugen und bei Diabetes, Rheuma und Herzkrankheiten helfen.

Bei Hautflechten kann ein Brei aus fein vermahlenen, getrockneten Bohnenhülsen auf die kranken Hautstellen aufgestrichen werden.

Küche

Bohnen sollten nur gekocht gegessen werden, da sie in rohem Zustand Giftstoffe enthalten. Getrocknete Bohnen müssen über Nacht in Wasser vorquellen. Dann im Einweichwasser 1,5 – 2 Stunden köcheln und erst am Schluss salzen.
Gemeinsam mit Getreide gegessen sind Bohnen ein vollwertiges Nahrungsmittel. Die Zugabe von Gewürzen (wie Fenchel, Anis, Koriander, Kümmel) beugt Verdauungsproblemen vor. Zumeist gilt: je kleiner die Hülsenfrucht, desto geringer die Blähungen.

Couscous-Salat mit grünen Bohnen

- ✗ 250 g Couscous mit kochendem Wasser übergießen und 10 Minuten quellen lassen.
- ✗ Eine Handvoll grüne Bohnen in mundgerechte Stücke schneiden und in Wasser bissfest garen.
- ✗ 4 Frühlingszwiebel, 6 Tomaten und 1 gelben Paprika klein schneiden.
- ✗ Alles vermischen, mit Salz, Pfeffer, Zitronensaft und Olivenöl abschmecken und dann 2 Stunden im Kühlschrank ruhen lassen.
- ✗ Vor dem Servieren je 2 EL gehackte Minze und Petersilie untermengen.

Gerste

Die Gerste gehört zu der Familie der Süßgräser und ist eine einjährige Pflanze. Ihre Körner wachsen an der Spitze der Halme in Ähren mit langen Grannen. Gerste hat die kürzeste Wachstumszeit aller Getreide (ca. 110 Tage im Vergleich zu 320 Tagen beim Weizen), daher kann die widerstandsfähige Pflanze auch im Himalaya und in den Anden gezogen werden.

Geschichte

Ursprünglich kommt die Gerste aus dem Vorderen Orient und dem Balkan. Gemeinsam mit Einkorn und Emmer ist sie das älteste kultivierte Getreide der Menschen (Funde bis 15000 v. Chr.). Sie wurde in Asien geschätzt, bei den alten Babyloniern, Ägyptern und Griechen. Da das Gerstenkorn eine relativ konstante Größe hat, galt es früher als Vergleichsmaß zum Wiegen von Silber, Gold und Arzneien *(Gran)*. Der englische *Inch* entsprach im Hochmittelalter der Länge von drei Gerstenkörnern.

Haus-Apotheke

Gerste enthält viel Stärke und Eiweiß. Sie reguliert den Cholesterinspiegel und ist durch ihre quellenden Schleimstoffe besonders für Magen- und Darmkranke zu empfehlen. Außerdem wirkt sie antibakteriell, stärkt das Herz und enthält mehrere Krebsschutzstoffe. Besonders viele Vitalstoffe enthält das Gerstengras: dazu einfach Saatkörner selbst sprießen lassen und frisch abgeschnitten zu Salaten geben oder püriert als Saft trinken.

In Japan wird **Gerstentee** gegen Fieber getrunken.

Gerstentrunk stärkt den Darm und kräftigt den Körper nach einer Erkältung.

✗ **40 g Gersten- und 40 g Haferkörner gemeinsam mit 20 g Fenchelsamen für 15 Minuten kochen.**
✗ **Dann abseihen und über den Tag verteilt trinken.**

Küche

Gerste wird zum Bierbrauen genutzt, als Backmalz in der Backwarenindustrie, als Getreidekaffee und zur Whisk(e)y-Herstellung. Bei Rollgerste (auch Graupen genannt) werden die Spelzen durch Schleifen der Körner entfernt. *Tsampa*, ein tibetisches Grundnahrungsmittel, wird aus geröstetem Gerstenmehl hergestellt.

Tsampa-Tiramisu

✗ Eine zerdrückte Banane in ein Glas geben,
darauf eine Schichte Tsampa (aus dem Bioladen) streuen,
dann mit einer Schicht Vanille-Soja-Joghurt auffüllen.

✗ Nach Belieben mit
Bananenscheiben
dekorieren und mit
Zimt bestreuen.

Gurke

Die Gurke ist eine einjährige Pflanze und gehört zur Familie der Kürbisgewächse. Ihre Frucht ist eine sogenannte Panzerbeere und wird 10 bis 60 cm lang. In vielen Gebieten werden die Salatgurken in Gewächshäusern gezogen, wobei 3 bis 5 Ernten im Jahr möglich sind. Im Gegensatz zu den Landgurken haben sie ein perfektes Aussehen ohne Stacheln, doch weniger Vitalkraft.

Geschichte

Die Gurke wurde bereits 1500 v. Chr. in Indien kultiviert. Neue Funde berichten von 1200 Jahre alten Gurkensamen in einer Höhle in Thailand. Von Asien aus verbreitete sie sich in alle warmen Gebiete der Erde. Auch bei den Germanen und Römern war sie sehr beliebt. Kaiser Tiberius nahm sogar fahrbare Treibhäuser für seine geliebten Durstlöscher mit auf seine Feldzüge.

Haus-Apotheke

Die Gurke ist eine erfrischende Vitalstoffquelle für Sportler und alle, die im Sommer viel schwitzen. Gurken wirken, wie alle Kürbisgewächse, wassertreibend und entlasten damit Herz, Nieren und Blase. Das Bindegewebe wird gefestigt und Gifte abtransportiert. Gurke wirkt basisch und leicht abführend bei Verstopfung. Sie senkt den Zuckergehalt im Blut, daher ist sie eine hilfreiche Speise für Diabetiker.

Eine **Gesichtsmaske** mit frisch aufgeschnittenen Gurkenscheiben durchblutet die Haut und beugt Faltenbildung vor.

Gurkensaft kühlt bei Fieber und bei Hitzewallungen in den Wechseljahren. Er kann auch direkt auf entzündete Hautstellen und Wunden aufgeträufelt werden.

Küche

Gurken werden als Rohkost oder in Essig eingelegt verwendet. Gurkensalat serviert man traditionell zu deftigen Gerichten, da enthaltene Enzyme die Verdauung unterstützen. Achtung: Konventionelle Gurken sind oft wahre Chemie-Bomben, daher bitte auf Bioanbau zurückgreifen oder die Gurke schälen!

Party-Gurken-Schiffchen

✗ 1 Schlangengurke in sehr dünne, ovale Scheiben hobeln (2 mm) und diese in Wasser einweichen.

✗ Nach 2 Stunden werden die Scheiben zu krummen »Schiffchen«, die mit gerösteten, gesalzenen Erdnüssen befüllt werden können.

Ein lustiges Fingerfood für die Sommerparty.

Hafer

Hafer ist eine einjährige krautige Pflanze und gehört zur Familie der Süßgräser. Er wächst auf fast jedem Boden. Von anderen Getreidearten lässt er sich leicht unterscheiden, da sein Fruchtstand als Rispe (nicht als Ähre) ausgebildet ist. Wie Dinkel muss auch Hafer vor dem Verzehr entspelzt werden.

Geschichte

Im alten China war Hafer schon seit Jahrtausenden als Nahrungs- und Heilmittel bekannt. In Nordeuropa belegen Funde seinen Anbau seit der Bronzezeit. Für die Germanen galt Hafer als heilig, weil er u. a. die Hellsichtigkeit fördern soll. Außerdem verleiht er dem Menschen Kraft und Mut, wie aus der alten Redewendung »jemanden sticht der Hafer« abzulesen ist. Als weitaus billigstes Getreide diente er bis zur Ankunft der Kartoffel als Hauptnahrungsmittel der Armen. Heute wird Hafer größtenteils zu Tierfutter verarbeitet (94 %).

Haus-Apotheke

Hafer ist ein sehr eiweißreiches Getreide und enthält viele ungesättigte Fettsäuren. Sie unterstützen das Herz-Kreislauf-System. Zudem balanciert Hafer den Cholesterin- und Blutzuckerspiegel. Er ist leicht verdaulich und daher ideal für Kleinkinder und Kranke geeignet. Sportler schätzen ihn als rasche Energiequelle. Außerdem aktiviert er körpereigene Glückshormone und verhilft so zu guter Laune.

Ein tägliches **Hafer-Müsli** hilft bei Lernschwäche, Antriebslosigkeit und Depressionen.
Haferstrohbäder werden bei Verletzungen der Haut eingesetzt.

Küche

Hafer wird vor allem in Flockenform, aber auch als Kleie und Hafermilch angeboten. Das Müsli wird leichter verdaulich, wenn die Haferflocken kurz mit etwas Wasser eingeweicht werden (zugedeckt an einem kühlen Ort).

Winterfrühstück
- ✗ Haferflocken über Nacht in etwas Wasser einweichen.
- ✗ Morgens fein geraspelte Karotten in den Brei geben, erwärmen und nach Geschmack Honig und ein paar Nüsse hinzufügen.
- ✗ Ist für Kinder ein guter Start in den Schultag.

Hirse

Hirse ist ein Sammelbegriff für 10–12 kleinfrüchtige Getreidesorten, die allesamt zur Familie der Süßgräser gehören.

Die Rispenhirse (oder Echte Hirse) ist eine einjährige Pflanze und wird heute vor allem in Asien angebaut. Hirse ist wie Hafer, Dinkel oder Gerste ein Spelzengetreide und muss geschält werden. Neben ihrer Verwendung als Nahrungsmittel dient sie als Tierfutter und in den USA auch als Energiepflanze zur Biogaserzeugung.

Geschichte

Hirse zählt zu den ältesten Getreidesorten. Die ursprüngliche Heimat der Rispenhirse liegt in Zentralasien. Auch in Afrika, bei den Babyloniern, Ägyptern und vielen nomadischen Stämmen wurde und wird sie traditionell gerne gekocht. Die ältesten Funde in Europa stammen aus der Eisenzeit. Im Mittelalter war sie bei uns eines der wichtigsten Nahrungsmittel, wie man aus alten Märchen heraus lesen kann (z. B. *Der süße Brei* von den Brüdern Grimm). Ihre Bedeutung verlor sie durch die Einfuhr von Kartoffeln und Mais.

Haus-Apotheke

Hirse ist eines der mineralstoffreichsten Getreide überhaupt und enthält hochwertiges Pflanzeneiweiß. Dabei ist sie leicht verdaulich, glutenfrei und eignet sich gut für die Kinderkost. Sie stärkt die Zähne und das gesamte Knochengerüst. Nach alter Tradition im Osten soll Hirse hellsichtig machen und die Öffnung des »Dritten Auges« fördern.

In der anthroposophischen Diätetik wird der hier enthaltenen Kieselsäure (Siliziumoxid) die Fähigkeit zugeschrieben, »Lebewesen für das Licht aufzuschließen«.

Als **Diät** bei brüchigen Nägeln, faltiger Haut, Bindegewebsschwäche und chronischer Müdigkeit regelmäßig Hirse im Speiseplan vorsehen. Auch empfehlenswert für stillende Mütter.

Küche

Hirse schmeckt sowohl süß als auch salzig zubereitet. Dazu die Körner heiß abwaschen und mit der doppelten Menge Wasser langsam aufkochen lassen. Dann die Herdplatte abstellen, den Topf mit einem Küchenhandtuch abdecken und 20 Minuten ausquellen lassen. Neben der üblichen Goldhirse gibt es im Handel auch die ungeschälte Braunhirse in gemahlener Form. Sie ist sehr vitalstoffreich und kann über das Frühstücks-Müsli oder ins Joghurt gestreut werden. In China wird aus Hirse eine Reihe von Spirituosen gebrannt.

Hirsebratlinge

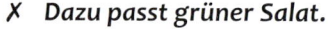

X 1 große Karotte und ½ Zucchini fein raspeln und in einer
   Schüssel mit Lauch (ca. 10-cm-Stange, klein geschnitten)
   und 2 Tassen gekochter Hirse vermischen.

X Dazu kommen 5 EL Haferflocken, der Saft einer ½ Zitrone,
   2 EL Soja-Sahne, Salz, Pfeffer und 2 EL Kräuter
   (z. B. Oregano und Majoran).

X Die Masse 10 Minuten ausquellen lassen, dann mit feuchten Händen Bratlinge formen und in etwas Öl auf beiden
   Seiten goldbraun braten.

X Dazu passt grüner Salat.

Johannisbeere / Ribisel

Die Johannisbeere ist ein laubabwerfender Strauch aus der Familie der Stachelbeergewächse. An den Zweigen bilden sich einfache, traubige Blütenstände, aus denen sich je nach Sorte rote, weiße oder schwarze Beeren entwickeln. Zu »Johanni« (24. Juni) beginnen sie zu reifen.

Geschichte

Hauptsächlich wachsen Johannisbeeren im gemäßigten Klima der Nordhalbkugel. Weltweit existieren ca. 150 Arten, wobei manche nur in China oder in den Anden vorkommen. Aus der Johannisbeere wurden später die Kultur-Stachelbeere und die Jostabeere gezüchtet. Die Blüten der schwarzen Ribisel werden auch zur Parfümherstellung verwendet.

Haus-Apotheke

Johannisbeeren stärken das Immunsystem, wirken blutreinigend und straffen das Bindegewebe. Die enthaltenen Säuren wirken antibakteriell, z. B. bei Halsentzündung oder bei durch Bakterien hervorgerufenem Durchfall.

antibakteriell, blutreinigend

Ribiselsaft unterstützt das Wachstum des Embryos in der Schwangerschaft. Im Ayurveda wird er bei Lebererkrankungen verschrieben. Der Vitalstoff Quercetin, der in der schwarzen Johannisbeere vorkommt, beugt dem Dickdarmkrebs vor.

Bei Halsschmerzen und Fieber **Ribiselsaft** mit etwas warmem Wasser trinken oder damit gurgeln. Der Saft der schwarzen Johannisbeere hilft bei Keuchhusten.

Küche

Ribiseln schmecken frisch vom Strauch oder gemischt mit süßen Früchten in Obstsalaten sowie als Saft, Marmelade und Gelee. Bekannt ist auch der französische Cassis-Likör.

Johannisbeer-Likör

✗ 1 kg reife rote oder schwarze Ribiseln von den Stängeln lösen und zerdrücken.

✗ Dann mit einer Handvoll Blätter, 1 Zimtstange, 4 Gewürz-nelken, 1 l Obstbrand und 1 kg Rohrzucker vermischen.

✗ Gut verschließen und 6 Wochen bei Zimmertemperatur ziehen lassen. Dabei immer wieder umrühren.

✗ Abschließend durch ein Tuch filtern und in Likörflaschen füllen.

Kakao

Der Kakaobaum gehört zur Familie der Malvengewächse. Die harte gelbe Frucht besitzt ein süßliches Fruchtfleisch mit Samen, den Kakaobohnen. Die Früchte werden bei der Ernte mit Macheten vom Baum geschlagen, geöffnet und in der Sonne getrocknet. Dabei beginnt das Fruchtfleisch zu gären und zu fermentieren. So entwickelt sich der typische Geschmack der Bohnen. Nach der Trocknung werden sie geröstet, gemahlen und zum Beispiel zu Schokolade weiterverarbeitet. Der Botaniker Carl von Linné nannte den Kakao »Speise der Götter«.

Geschichte

Der Kakaobaum stammt aus Südamerika, wo seine Früchte seit mindestens 3000 Jahren verwendet werden. Ursprünglich nutzte man nur das zuckerhaltige Fruchtfleisch, das zu Alkohol vergoren wurde. Später begann man, auch die Kakaobohnen zu verwenden: als Zahlungsmittel, Opfergabe oder Zutat für ein würziges Getränk. Die Azteken gaben dem Kakaogetränk den Namen *Xocolatl.*

Der Anbau von Kakao wurde lange Zeit von Sklaven getragen. Auch heute sind Kinderarbeit und Ausbeutung der Arbeiter auf den Plantagen an der Tagesordnung. Bitte kaufen Sie nur Kakao aus fairem Anbau!

Haus-Apotheke

Die Kakaobohne gehört zu den vitalstoffreichsten Lebensmitteln und wird daher auch als *Super Food* bezeichnet. Neben ihrem hohen Fettanteil enthält sie an die 300 unterschiedliche Inhaltsstoffe, u. a. Serotonin, Magnesium, Theobromin und Histamine. Kakao wirkt anregend, stimmungsaufhellend und wurde früher als Aphrodisiakum eingesetzt. Diese Wirkung wird durch das Endorphin Anandamin hervorgerufen. Anandamin wird vom Körper selbst gebildet. In der Natur kommt es nur in einer einzigen Pflanze vor – nämlich in der Kakaobohne. Leider wird es bei der Kakaoröstung größtenteils zerstört. In guten Bioläden gibt es inzwischen aber Roh-Kakaopulver zu kaufen.

Der Gehalt an Antioxidantien im Kakao ist einer der höchsten von allen Lebensmitteln (mehr als in Granatapfel, Gojibeere oder Acaibeere). Kakao senkt den Blutdruck und beugt Arteriosklerose vor. Enthaltene Polyphenole wirken krebspräventiv. Diese positiven Effekte werden jedoch durch die gleichzeitige Einnahme von Milch gehemmt.

Der Verzehr von **dunkler Schokolade** mit über 70 % Kakaoanteil – oder noch besser von **rohen Kakaobohnen** – verzögert die Hautalterung und verbessert die mentale Leistungsfähigkeit.

Küche

Milchschokolade bzw. weiße Schokolade enthält wenig Kakao, dafür umso mehr Fett und Zucker. Der positive Effekt auf die Gesundheit ist daher gering. Auch dunkle Schokolade ist kalorienhaltig und sollte in Maßen genossen werden.

Energiebällchen

✗ Zerkleinern und mischen Sie 100 g Rosinen, 100 g Mandeln, 5 Feigen, 5 entkernte Datteln und 1 gehäuften EL Kakaopulver.

✗ Dann formen Sie daraus kleine Bällchen (ca. 25 Stück).

✗ Diese in Kakaopulver oder Kokosraspeln wälzen und bis zum Servieren kalt stellen.

Marmorgugelhupf

- ✗ *250 g weiche Biomargarine (pflanzliche Butter) mit dem Mixer in einer Schüssel geschmeidig rühren.*
- ✗ *Nach und nach 250 g Rohrzucker, 180 g Soja-Joghurt (natur), 5 EL Soja-Drink und 1 Prise Salz hinzufügen.*
- ✗ *Alles flaumig mixen.*
- ✗ *In einer zweiten Schüssel 330 g Mehl, 20 g Maisstärke, 2 EL Sojamehl und 1 Päckchen Backpulver vermischen.*
- ✗ *Nun die Mehlmischung langsam zum Teig geben und gleichzeitig gut verrühren.*
- ✗ *Zwei Drittel der Masse in eine gebutterte und mit Bröseln (Paniermehl) bestreute Gugelhupf-Form füllen.*
- ✗ *In einer weiteren Schüssel 25 g Kakaopulver mit 20 g Zucker und einem Schuss Soja-Drink zu einer dunklen Sauce verrühren.*
- ✗ *Mit dem restlichen Teig mischen und die Kuchenform damit auffüllen.*
- ✗ *Für das charakteristische Marmor-Muster eine Gabel einmal rundherum durch den Teig ziehen.*
- ✗ *Bei 180 °C ca. 45 Minuten backen.*

Karotte

Die Karotte (auch als Möhre oder Rüebli bezeichnet) gehört zu der Familie der Doldenblütler und ist eine zweijährige Pflanze. Gegessen wird die Pfahlwurzel. Es gibt Karotten in unterschiedlichen Formen und Farben: orange, gelb, weiß, schwarzrot und lila. In Europa sind etwa 300 Sorten im Anbau.

Geschichte

Die Wilde Möhre war in Mitteleuropa auf Wiesen und Wegrändern weit verbreitet. Die ältesten Zeugnisse ihrer Verwendung finden wir im antiken Griechenland und Rom. Dioskurides lobte 60 n. Chr. ihre Wirkung als Heilpflanze.

Haus-Apotheke

Von der heilsamen Wirkung der Karotte ist speziell ihr hoher Gehalt an Carotin, einer Vorstufe des Vitamin A, weithin bekannt. Es dient den Augen, den Schleimhäuten und der Haut. Karotten wirken blutbildend, unterstützen das Immunsystem, die Verdauung und regulieren die Schilddrüse bei einer Überfunktion. Besonders hilfreich ist gekochter Karottenbrei bei Magen-Darm-Erkrankungen von Kleinkindern.

Als **Verjüngungskur für die Haut** wird eine Zeit lang täglich frisch gepresster Karottensaft getrunken. Hilft gegen Trockenheit, Schuppen und Falten. Der Saft gilt auch als Hausmittel bei Sodbrennen.

Als **Umschlag bei Verbrennungen** geriebene Karotten auflegen (stündlich erneuern) oder frischen Karottensaft direkt auf die Hautstelle aufträufeln.

Eine **traditionelle Wurmkur** besteht aus geraspelten rohen Karotten, die als einzige Nahrung für einen Tag verabreicht werden.

Küche

Um die fettlöslichen Wirkstoffe der Karotte optimal zu nutzen, sollte sie mit etwas Öl oder ein paar Nüssen gegessen werden.

Glasierte Karotten

- ✗ 500 g Karotten in schmale Stifte schneiden.
- ✗ In der Pfanne mit etwas Öl und 1 TL Ahornsirup unter mehrmaligem Wenden anbraten.
- ✗ Mit Salz und frischen Kräutern servieren.

Kartoffel

Die Kartoffel (oder der Erdapfel) gehört zu den Nachtschattengewächsen und ist eine bis zu 1 m hohe Pflanze, die an ihren unterirdischen Ausläufern Fruchtknollen entwickelt. Über diese Knollen kann sie sich vegetativ vermehren. Sie gedeiht auch in Höhen von 2 000 m und am Rand der Polargebiete. Weltweit existieren über 5 000 Sorten. Sie gehört zu den fünf wichtigsten Nahrungsmitteln der Welt.

Geschichte

Die Urform der Kartoffel stammt aus den südamerikanischen Anden und wurde dort schon von den Inkas genutzt. Im 16. Jahrhundert gelangte sie nach Europa, brauchte hier aber noch weitere 200 Jahre, um sich als Nahrungsmittel durchzusetzen. Mittlerweile hat sie sich einen wichtigen Platz in der heimischen Küche erobert, da sie vielfältig verwendbar ist und gut satt macht.

Haus-Apotheke

Die Kartoffel ist stärke- und eiweißhaltig, kalorienarm und leicht zu verdauen. Sie enthält eine Reihe von sekundären Pflanzenstoffen, die auch nach dem schonenden Kochen noch ausreichend vorhanden sind. Kartoffeln senken den Blutdruck, entgiften, mildern Krämpfe und wirken basisch. Der salzarm zubereitete Kartoffelbrei neutralisiert übermäßige Magensäure und ist als Diätkost für Magenkranke zu empfehlen.

Kartoffelwickel sind bewährte Hausmittel bei Gallenkoliken, Bauchgrimmen sowie bei Bronchitis und Halsschmerzen. Dazu die noch warmen gekochten Kartoffeln zerdrücken (mit Schale), in ein Tuch wickeln und auf die schmerzende Stelle legen.

Bei Wasseransammlungen im Körper haben sich **Kartoffeltage** bewährt. Dazu drei Tage lang je 1 kg Kartoffeln (ohne Salz und Fett) in 6 Portionen aufgeteilt zu sich nehmen. Diese Kur einmal im Monat durchführen.

Rohe Kartoffeln sollten zwar nicht gegessen werden, doch der **Saft der rohen Kartoffel** hemmt die Magensäureproduktion bei Sodbrennen und lindert Magenkrämpfe.
Empfohlen wird 1 Tasse am Tag, löffelweise vor den Mahlzeiten eingenommen.

Küche

Bio-Kartoffeln am besten mit der sehr nährstoffreichen Schale essen. Kartoffelchips oder Pommes frites sind Kalorienbomben und sollten nur ab und zu auf den Speiseplan. Die grünen Stellen auf manchen Knollen enthalten den Giftstoff Solanin, der auch durch Kochen seine Schädlichkeit nicht verliert. Diese Teile dürfen weder gegessen noch für Heilzwecke eingesetzt werden.

Rosmarin-Ofenkartoffeln

✗ Kartoffeln gründlich waschen, dann halbieren oder vierteln (je nach Größe), mit Olivenöl einpinseln und mit den Schnittflächen nach oben auf ein Backblech legen.

✗ Einige grob gehackte Rosmarinnadeln, eventuell in Scheiben geschnittenen Knoblauch und Salz darüber streuen.

✗ Die Kartoffeln im Rohr bei 180 Grad goldbraun backen.

✗ Dazu passt Tsatsiki (Rezept siehe Knoblauch).

Kichererbse

Die Kichererbse, auch Felderbse genannt, gehört zu den Hülsenfrüchten und ist eine einjährige krautige und bis zu 1 m hohe Pflanze. Die nur ca. 3 cm langen Hülsen enthalten meist zwei beige oder schwarze Samen. Sie schmecken nussartig und sehen auch aus wie kleine trockene Haselnüsse. Den deutschen Namen soll die Kichererbse von Hanseatischen Kaufleuten bekommen haben, die in ihr eine lachende Fratze erblickten.

Geschichte

Wie Funde belegen wurde die Kichererbse schon vor 8000 Jahren in Kleinasien angebaut. Später gelangte sie nach Griechenland, Italien und in östlicher Richtung bis nach Indien. Im Mittelalter wurde sie vor allem als Arzneimittel verwendet. Hildegard von Bingen empfahl sie bei Fieber. Heute wird die Kichererbse in vielen warmen Ländern der Erde kultiviert, da sie wenig Wasser benötigt. In Afrika, dem Orient und in Indien gehört sie zu den wichtigsten Grundnahrungsmitteln und wird als »Fleisch der armen Leute« bezeichnet.

Haus-Apotheke

Kichererbsen sind besonders reich an hochwertigem Eiweiß (20 %), an komplexen Kohlenhydraten und Ballaststoffen. Sie stärken das Herz und beugen Osteoporose vor. Das enthaltene Öl senkt den Cholesterinspiegel. Durch ihren Gehalt an pflanzlichen Östrogenen dienen sie Frauen in den Wechseljahren. Sekundäre Pflanzenstoffe wirken präventiv bei Krebs und Prostataerkrankungen.

Ein **Brei** aus Kichererbsen-Mehl und Honig wird in der ayurvedischen Medizin auf Geschwüre aufgestrichen.

Besonders gesund sind **Kichererbsen-Keimlinge:** Dazu die Samen über Nacht in Wasser quellen lassen, dann abspülen und im Keimapparat heranziehen. Täglich spülen und kurz vor dem Verzehr mit kochendem Wasser überbrühen. Das macht sie besser verdaulich.

Küche

Die getrockneten Kichererbsen vor dem Kochen über Nacht in Wasser einweichen. Da die rohen Samen Giftstoffe enthalten, sollte das Einweichwasser besser weggeschüttet werden. Die Samen 1 – 1,5 Stunden kochen und als Suppe, Hummus (Kichererbsenpüree) oder im orientalischen Eintopf weiter verwenden. Kombiniert mit Weizenvollkornbrot oder Reis bieten Kichererbsen höchste biologische Wertigkeit. Geröstete Kichererbsen schmecken auch Kindern als Knabberei für zwischendurch.

Falafel

- ✗ 100 g Kichererbsen-Mehl mit etwas Backpulver und 120 ml heißem Wasser mischen. 15 Minuten quellen lassen.
- ✗ In die Masse den Saft einer ½ Zitrone, 2 EL Dinkelmehl, etwas Koriander, Kreuzkümmel, Petersilie, Salz, Pfeffer und Chili geben. Weitere 10 Minuten ruhen lassen.
- ✗ Dann mit feuchten Händen Bällchen formen und in heißem Öl braten. Ein Fladenbrot (Pita) aufschneiden und mit Falafel, Salat und Hummus (oder Tsatsiki) füllen.

Hummus

- ✗ 300 g gekochte Kichererbsen (1 Glas) mit 4 EL Tahin (Sesampaste), 5 EL Olivenöl, dem Saft 1 Zitrone, ½ TL Kreuzkümmelpulver, Salz, Pfeffer und einer Prise Chili vermischen.
- ✗ Alles fein mit dem Stabmixer pürieren. Schmeckt auch einfach nur mit Fladenbrot.

Knoblauch

Der Knoblauch gehört zur Familie der Liliengewächse. Er ist eine ausdauernde krautige Pflanze, die als Überdauerungsorgan eine Zwiebel mit mehreren Zehen ausbildet. Manche Menschen meiden Knoblauch wegen der charakteristischen Ausdünstungen, die sich nach dem Essen einstellen.

Geschichte

Knoblauch gelangte aus Zentral- und Südasien nach Europa und war schon in der Antike als Heil- und Nahrungsmittel bekannt. Beim Bau der ägyptischen Pyramiden erhielten die Arbeiter ihre tägliche Ration Knoblauch zur Stärkung und gegen Parasiten. In manchen Kulturen wird ihm eine aphrodisierende Wirkung zugeschrieben sowie eine Abwehrwirkung gegen Vampire und böse Geister.

Haus-Apotheke

Seine Heilkraft beruht auf den ätherischen, schwefelhaltigen Ölen, pflanzlich gebundenem Jod und Kieselsäure. Knoblauch stärkt die Widerstandskräfte des Immunsystems. Er wirkt antibakteriell und unterstützt gleichzeitig die gesunde Darmflora (z. B. bei Darminfektionen). Zusätzlich entkrampft er und fördert die Schleimabsonderung bei Erkältungen. Er senkt den Blutdruck, Triglyceride und Cholesterin im Blut. Auch Krebszellen werden im Wachstum gehemmt.

Eine Knoblauchzehe als **Lutschbonbon** desinfiziert bei Halsschmerzen.

Bei Bronchitis und Husten hilft **Knoblauch-Honig:** dazu einige Zehen möglichst fein zerstoßen und mit Honig vermengen (ev. mit etwas Wasser verdünnen). Jede Stunde 1 TL davon einnehmen.

Für eine **Knoblauch-Kur** 250 g Zehen in 1 l Alkohol ansetzen und an einem warmen Ort ziehen lassen. Gelegentlich schütteln und nach zwei Wochen abseihen. Den Extrakt bei Erkältungen, Magenverstimmung und zur Prävention von Arteriosklerose einnehmen: 12 Tropfen 3 x täglich zu den Mahlzeiten.

Als **Sofortmaßnahme bei Hundebissen** oder schmerzhaften Insektenstichen etwas Knoblauchsaft in die Wunde träufeln.

Küche

Knoblauch wird in vielen Gerichten als Geschmacksverstärker eingesetzt. Die Ausdünstungen danach entstehen durch schwefelhaltige Abbauprodukte, die über die Lungenbläschen an den Atem abgegeben werden. Um den Körpergeruch zu neutralisieren, raten Knoblauchliebhaber zu Petersilie, Kardamomkapseln oder Chlorophyll-Dragees.

Griechisches Tsatsiki

✗ **1 – 2 Zehen Knoblauch pressen und mit ½ TL Salz zu einer Paste verarbeiten.**

✗ **Eine ½ geschälte Gurke reiben und etwas ausdrücken.**

✗ **Das überschüssige Wasser in ein Glas abrinnen lassen (und gerne gleich trinken).**

✗ **1 Becher Soja-Joghurt, etwas Olivenöl, Zitronensaft und Pfeffer beimengen.**

✗ **Schmeckt gut zu Gegrilltem.**

Kohl

Kohl ist eine ein- oder mehrjährige krautige Pflanze. Aus den
Wildformen haben unsere Vorfahren über die Jahrtausende eine
breite Palette an schmackhaften
Kohlsorten gezüchtet: von den
vielfarbigen Kohl- und Krautar-
ten bis zum Kohlrabi oder dcm
Rosenkohl (Kohlsprossen).

Geschichte

Kohl gilt als eine der ältesten
kultivierten Gemüsesorten und
wird seit mindestens 6000 Jahren angebaut.[50] Bei den alten
Griechen und den Römern zähl-
te er neben dem Knoblauch zu
den Allheilmitteln. Hippokrates
lobte ihn als ein »Gemüse mit
tausend Tugenden«. Fässer mit
Sauerkraut bewahrten die Seefahrer vor der gefürchteten Vita-
min-Mangel-Krankheit Skorbut.
Erst in der jüngeren Geschichte
wird Kohl als »Arme-Leute-Essen« links liegen gelassen.

50 Béliveau/Gingras: Krebszellen mögen keine Himbeeren, S. 119

Haus-Apotheke

Bei den heilenden Gemüsesorten ist der Kohl an vorderster Front zu nennen. Er enthält wertvolle Aminosäuren und eine Reihe an sekundären Pflanzenstoffen, die das Immunsystem stärken und krebspräventiv wirken. Außerdem hilft er, den Cholesterinspiegel zu senken, Osteoporose vorzubeugen und die Verdauung zu regulieren. Kohl war früher als »Arzt des kleinen Mannes« bekannt und Pfarrer Kneipp bezeichnete Kraut als »Besen für Magen und Darm«. Rohes Sauerkraut (oder Sauerkrautsaft) hat wenig Kalorien und fördert die Darmflora. Es ist neben Algen und Pilzen ein wichtiger B12-Lieferant für vegan lebende Menschen.

Eine **Auflage mit heißen Kohlblättern** hilft bei Bauchkrämpfen, Brust- und Kopfschmerzen. Frische, gewalzte Blätter desinfizieren als Umschlag schlecht heilende Wunden. 2 x täglich die Blätter wechseln, dabei die Wunde mit lauwarmem Kamillentee auswaschen.

Als **Entschlackungskur** eine Woche lang täglich einmal Kohl- oder Krautsuppe essen. Bei verdorbenem Magen, Verstopfung und Erkältung wird 3 x täglich vor den Mahlzeiten eine Portion rohes Sauerkraut empfohlen.

Küche

Für den Erhalt der wertvollen Inhaltsstoffe sollten Kohl und Kraut nicht zu lange gekocht werden, dafür aber umso länger gekaut. Gegen Blähungen helfen Kümmel und Fenchel. Zu Kohl keinen Apfelsaft oder Milch trinken, weil die Mischung im Bauch zu gären anfängt.

Krautfleckerl

- ✗ 1 Krautkopf und 1 große Zwiebel fein schneiden.
- ✗ 100 g Biomargarine (pflanzliche Butter) erhitzen und 2 EL Rohrzucker darin bräunen.
- ✗ Dann Zwiebel, Kraut und eine Messerspitze Kümmel dazu geben, kurz anrösten und mit etwas Wasser bissfest garen.
- ✗ Die Fleckerl (Bandnudeln) in Salzwasser kochen, abseihen und zum Kraut geben.
- ✗ Zuletzt mit Salz, Pfeffer und mit frischem Schnittlauch garnieren.

Kresse und andere Sprossen

Die Gartenkresse ist eine einjährige krautige Pflanze aus der Familie der Kreuzblütengewächse. Sie erreicht Wuchshöhen von bis zu 50 cm. Außer im Gemüsegarten lässt sie sich auf verschiedenen Anzuchtvliesen oder im Keimapparat leicht zu Hause ziehen. Bei Sprossen ist besonders auf einen hygienischen Umgang zu achten, um Keimbildung zu vermeiden: Anzuchtgefäße sauber halten, Pflanzen immer frisch konsumieren und vor dem Verzehr gründlich waschen.

Geschichte

Die Gartenkresse stammt vermutlich aus dem Vorderen Orient, wo ihre Samen schon in alten Pharaonengräbern gefunden wurden. Auch die Griechen und Römer nutzten sie. Ihr Name könnte vom lateinischen Wort *crescere* (wachsen) stammen und in der Tat wächst Kresse schneller als viele andere Keimlinge.

Haus-Apotheke

Bei Mangel an frischem Gemüse in der kalten Jahreszeit bietet Kresse eine optimale Nahrungsergänzung. Der gekeimte Samen birgt wie eine Wunderkapsel das pralle Leben der Pflanze in sich. Kresse fördert die Schilddrüse, die Verdauung und das ganze Immunsystem. Ihre ätherischen Senföle haben antibakterielle Wirkung. So reinigt sie die Harnwege, die Nieren, Leber und Galle.

Für alle Sprossen gilt: Die gesunden Inhaltsstoffe vervielfältigen sich durch den Keimvorgang. Bei Linsen etwa verdreifacht sich das enthaltene Betacarotin. Im gekeimten Weizen steigt der Anteil an Vitamin E um bis zu 300 %.[51] Auch der Eiweißgehalt nimmt zu.

Küche

Kresse ist eine gesunde Dekoration für Brote und bringt eine pikante Note in Salate. Köstlich sind Mischungen aus verschiedenen Sprossen wie Alfalfa, Mungbohnen, Linsen und Bockshornklee. Im Bioladen finden Sie eine bunte Auswahl an Saat. Prinzipiell kann man jeden lebendigen Samen zum Keimen bringen, seien es Gartengemüse (wie Spinat, Salat und Radieschen) oder auch Sonnenblumenkerne und Getreidekörner. Es macht Spaß, damit zu experimentieren und Kinder lieben es, den Pflänzchen beim Wachsen zuzusehen. Wichtig sind saubere Utensilien und regelmäßiges Wässern.

Zimmergarten

✗ *Kressesamen in eine Keimbox oder auch bloß auf 2 Lagen feuchtes Küchenkrepp-Papier ausstreuen, das in eine Glasbackform gelegt wird. An einen hellen Ort stellen und feucht halten.*

✗ *Die Kresse ist nach 7 – 10 Tagen erntebereit.*

---

51 Münzing-Ruef, Ingeborg: Kursbuch gesunde Ernährung, S. 416

Kürbis

Der Kürbis ist eine einjährige Pflanze mit niederliegendem oder kletterndem Stängel. Die Blütenkelche sind glockenförmig. Farbe, Form und Größe der Früchte variiert sehr stark je nach Zuchtform. Aus den Kernen wird das beliebte dunkelbraune Öl gepresst. Kürbisse wachsen in allen warmen Gebieten der Erde. Sie werden im Herbst vor dem Frost geerntet und behalten auch bei längerer Lagerung ihre wertvollen Inhaltsstoffe.

Geschichte

Die ursprüngliche Heimat der Kürbisse ist Amerika, wo die ältesten Funde bis ins Jahr 10000 v. Chr. zurückreichen. Zunächst wurden wahrscheinlich die nahrhaften Samen genutzt. Später züchtete man aus den bitteren Wildformen unsere heutigen Gemüsekürbisse. Aus ihrer stabilen Schale fertigten die Menschen Karaffen, Löffel oder auch Musikinstrumente. Seit dem 16. Jahrhundert werden Kürbisse auch in Europa angebaut und feiern gerade in den letzten Jahren ihre Wiederentdeckung.

Das Halloween-Fest

Die Wurzeln des mehr als 2000 Jahre alten Festes liegen auf den britischen Inseln, wo zu Allerheiligen das keltische Neujahrsfest gefeiert wurde (»All Hallows Eve«). Nach alter Tradition kommen die Toten am Ende des Jahres aus ihren Gräbern. Um sich vor ihnen zu schützen, verkleideten sich die Menschen und zündeten in ausgehöhlten Rüben kleine Lichter an. Irische Auswanderer brachten das Fest schließlich nach Amerika.

Haus-Apotheke

Schon die heilige Hildegard hat den Kürbis als wärmende Mahlzeit empfohlen. Er stärkt das Immunsystem und wirkt basenbildend, gegen hohen Blutdruck und Verstopfung. Da er mild entwässert, hilft er auch bei Nierenleiden. Dazu entgiftet er den Darm und bindet Schwermetalle im Körper. Weil er wenig Kalorien hat, ist er ein idealer Partner zum Abnehmen. Seine Kerne haben einen hohen Anteil an bioaktiven Substanzen und werden speziell bei vergrößerter Prostata und bei Blasenschwäche empfohlen. Als gesunder Snack zwischendurch geben sie neue Energie und regenerieren die Körperzellen.

Bei Wasseransammlungen helfen sogenannte **Kürbistage:** Dazu wird das Fleisch eines Kürbisses klein geschnitten und ohne Salz weich gekocht. Über den Tag verteilt als ausschließliche Nahrung essen.

Küche

Sommerkürbisse besitzen oft eine weiche Schale, die mitgegessen werden kann (z. B. beim Hokkaido). Bei Winterkürbissen müssen Schale und Kerne vor dem Kochen entfernt werden.

Spaghetti-Kürbis

- ✗ Den Kürbis halbieren, entkernen und mit der Schnittfläche nach oben auf ein Backblech legen.
- ✗ Das Fleisch mit Öl bepinseln, salzen und mit Rosmarin und gehacktem Knoblauch bestreuen.
- ✗ Je nach Größe 30 – 45 Minuten im Ofen backen. Mit einer Gabel überprüfen, ob die »Spaghetti« schön al dente sind.
- ✗ Als Vorspeise servieren.

Linse

Linsen gehören zur Familie der Hülsenfrüchte und sind einjährige kleine, zierlich wirkende Pflanzen. Sie gedeihen weltweit in den unterschiedlichsten Farben, Größen und Konsistenz.

Geschichte

Linsen gehören zu den ältesten Kulturpflanzen der Menschheit und werden schon seit ca. 10000 Jahren systematisch angebaut. Im Vorderen Orient und im alten Ägypten galten sie als wichtiges Grundnahrungsmittel und wurden auch den Verstorbenen als Wegzehrung für den Gang ins Jenseits mitgegeben. Ihr Stellenwert spiegelt sich in vielen Märchen (z. B. *Aschenputtel)* und in der Bibel wider. In den letzten Jahrhunderten wurden sie als »Arme-Leute-Essen« gesehen.

Haus-Apotheke

Linsen sind ein ausgezeichneter Lieferant von Zink, das wir für die Hormonproduktion, für festes Bindegewebe und gesunde Zellen brauchen. Weil sie sehr viel Eiweiß (24 %) und Kohlenhydrate enthalten, sind sie sättigend und eine gute Alternative zu Fleisch. Außerdem sind sie sehr reich an Eisen, Magnesium und Folsäure. Linsen liefern dem Organismus über Stunden eine gleichmäßige Blutzuckerversorgung und wirken einem Leistungsabfall entgegen. Daher sind sie ein ideales Essen für Schüler und ein traditionelles Kräftigungsmittel für Bergsteiger.

Fein pürierte **Linsensuppe** hilft bei chronischem Durchfall. Auch bei Eisenmangel (z. B. durch starke Menstruation) regelmäßig Linsen auf den Speiseplan setzen.

Küche

Linsen mit kaltem Wasser ansetzen und zum Kochen bringen. Nach der Hälfte der Kochzeit auf der ausgeschalteten Herdplatte gar ziehen lassen (mit einem Handtuch bedeckt). Das Aroma entfalten vor allem die Schalen. Für ein vollwertiges Essen ist es günstig, Linsen immer mit Getreide und Gemüse zu kombinieren. Linsen werden traditionell mit (Kreuz-)Kümmel, Curry und Zitrone leichter verdaulich gemacht.

Linsensalat

✗ 1 Tasse getrocknete Berglinsen mit 1 Lorbeerblatt kurz in Wasser köcheln und dann 30 Minuten ausquellen lassen.

✗ Abgießen und gemeinsam mit einer fein geschnittenen Schalottenzwiebel, 1 TL Senf, 1 EL Zitronensaft, einem Spritzer Olivenöl, frisch gemahlenem Pfeffer und Salz in eine Salatschüssel geben.

✗ Mit gehackter Petersilie garnieren.

Mais

Mais, auch Kukuruz genannt, ist ein einjähriges Sommergetreide aus der Familie der Süßgräser. Er wächst bis zu 3 m hoch und wird heute meist als Monokultur angebaut, auch mehrere Jahre auf demselben Feld. Dadurch werden dem Boden viele Nährstoffe entzogen und dieser für Schädlinge empfänglich. Das rechtfertigt wiederum den Einsatz von Unmengen an (Gülle-) Düngung, Samenbeizmitteln, Unkraut- und Schädlingsvernichtungsmitteln sowie Experimente mit der Gentechnologie.

Geschichte

Der Mais stammt ursprünglich aus Mexiko bzw. dem Hochland der peruanischen Anden, wo er vor etwa 7000 Jahren aus einem Wildgras kultiviert wurde. Er galt dort als heilig. Christoph Kolumbus brachte die Pflanze im 16. Jahrhundert nach Europa. Heute ist Mais nach Weizen das meistgehandelte Getreide. Mehr als die Hälfte der Ernte wird als Tierfutter verwendet, Tendenz steigend. Ein weiteres Viertel wird in den Industrieländern zu Bioenergie verarbeitet. Seit einigen Jahren werden auch gentechnisch veränderte Maissorten angebaut und in den USA soll deren Anteil bereits bei 85 % liegen. Eine neue Entwicklung zeigt der Einsatz von Mais als Ausgangsmaterial für umweltfreundliche Biokunststoffe.

Haus-Apotheke

Mais gibt viel Kraft und macht satt. Weil er langsam verdaut wird, bleibt der Blutzuckerspiegel in der Balance. Er ist für Diabetiker gut geeignet und für Menschen, die kein Gluten vertragen (Zöliakie). Das »Stimmungsvitamin« Thiamin ist für die Funktion des Nervensystems unentbehrlich. Es beruhigt, erhöht die Konzentrationsfähigkeit und klärt den Intellekt.

Tee aus Maishaaren wirkt entwässernd bei Nieren- und Blasenerkrankungen. In der traditionellen chinesischen Medizin wird der Tee dazu verwendet, überschießende Hitze im Körper zu beruhigen. Dazu das Kraut 20 Minuten in einem emaillierten Kochtopf köcheln lassen.

Küche

Mais wird in Form von Cornflakes, Maiskeimöl, Polenta oder Popcorn verwendet. Letzteres lässt sich übrigens mit weniger Salz und Fett sehr leicht selbst zubereiten. Neben dem gelben Mais gibt es auch rote und blaue Sorten.

Grillen am Lagerfeuer
- ✗ *Auf die rustikale Art können ganze Maiskolben mit den Blättern in die heiße Asche eines offenen Feuers gelegt werden.*
- ✗ *Ca. 30 Minuten rösten lassen, dabei öfter wenden.*
- ✗ *Wenn die Körner gar sind, die Blätter entfernen und mit Salz und Butter verfeinern.*
- ✗ *Varianten: Die geschälten Kolben für ca. 10 Minuten auf einen Grillrost legen (regelmäßig wenden) oder im heißen Wasser ca. 20 Minuten weich kochen.*

Mandel

Der Mandelbaum ist ein sommergrüner Baum oder Strauch aus der Familie der Rosengewächse. Seine Steinfrucht wird vom Menschen gerne als Nahrungszutat und Kosmetikbestandteil verwendet. Man unterscheidet die Süß- und die Bittermandel. Letztere wird nicht roh konsumiert, da beim Verzehr von ungekochten Bittermandeln im Magen Blausäure gebildet wird. Sie dient jedoch als gefragter Lieferant von ätherischen Ölen. Die Mandelbäume in den Mittelmeerländern sind meist nicht sortenrein und tragen zum Beispiel 2 % Bittermandeln bei 98 % Süßmandeln.

Geschichte

Ursprünglich kommt der Mandelbaum wahrscheinlich aus dem tropischen China und wurde dort schon seit 4000 Jahren kultiviert. Über die alten Handelsrouten breitete er sich dann bis ins antike Griechenland und in den arabischen Raum aus. Zahlreiche Sagen verehren ihn. Im christlichen Kontext diente die Mandel als Symbol für unbefleckte Empfängnis und Heiligkeit. Alte Darstellungen zeigen Christus oder

Maria oft in einer mandelförmigen Aura, der *Mandorla*. Heute wächst der Mandelbaum in vielen warmen Ländern rund um den Erdball, besonders in Spanien und Kalifornien, wo 75 % der weltweiten Mandelproduktion geerntet werden.

Haus-Apotheke

Mandeln haben einen hohen Gehalt an ungesättigten Fettsäuren und Eiweiß sowie Vitamin E, Magnesium und Zink. Sie senken den Cholesterinspiegel und das Risiko von Herz-Kreislauf-Erkrankungen. Außerdem üben sie einen positiven Einfluss auf die Knochendichte aus. Bei erhöhtem Energiebedarf (z. B. beim Sport oder an langen Schultagen) sind sie ein idealer Snack für zwischendurch. In südlichen Ländern werden Mandeln als Kräftigungsmittel für Frauen in der Schwangerschaft, im Kindbett und in den Wechseljahren empfohlen. Tatsächlich enthalten Mandeln pflanzliche Östrogene und einen hohen Anteil an Folsäure. Im Sinne der Signaturenlehre ist es interessant, dass die weiblichen Geschlechtsorgane (Vulva und Eierstöcke) in ihrer Form an eine Mandel erinnern.

Das hochwertige **Mandelöl** hilft bei Hautproblemen aller Art: Trockenheit, Verbrennungen und Ausschlägen.

Küche

Zur Dekoration von Torten werden die braunen Mandeln gerne ge-
schält. Dazu die Kerne kurz mit heißem Wasser überbrühen. Mit
Mandelmus und Wasser lässt sich im Handumdrehen ein veganer
Sahneersatz mixen. Mandeln dienen auch als Rohstoff für Marzipan,
Likör (Amaretto), Mandelmilch und Pralinen.

Linzer Schnitte

- ✗ **Aus 200 g weicher Biomargarine (pflanzliche Butter),
  280 g geriebenen Mandeln, 80 g Rohrzucker, 140 g Dinkel-
  vollkornmehl, je ½ TL gemahlenen Nelken und Zimt sowie
  5 EL Reis-Drink einen festen Teig kneten.**
- ✗ **Diesen etwas im Kühlschrank ruhen lassen.**
- ✗ **Ein Backblech mit Backpapier auslegen und ¾ des Teiges
  darauf verteilen (reicht für eine Blechhälfte).**
- ✗ **Mit Johannisbeer- oder Himbeermarmelade dick bestreichen und mit dem restlichen Teig gitterförmig verzieren.
  Bei 180 °C Umluft ca. 50 Minuten backen.**

Olive

Der Olivenbaum ist ein immergrüner mittelgroßer Baum aus der Gattung der Ölbäume. Er wächst sehr langsam und kann bis zu 2000 Jahre alt werden. Seine Steinfrüchte sind in unreifem Zustand grün und verfärben sich später braun-violett. Olivenfrüchte sind roh ungenießbar und müssen erst in Wasser eingelegt werden, um ihnen einen Teil der Bitterstoffe zu entziehen.

Geschichte

Der wilde Olivenbaum wuchs ursprünglich unabhängig voneinander in mehreren Gebieten: in Südafrika, dem Nahen Osten und im Mittelmeerraum. Die Gartenolive wurde wahrscheinlich um ca. 4000 v. Chr. in Kreta und Syrien kultiviert. Der Handel mit dem Öl nahm bald einen wichtigen Stellenwert ein und der Olivenbaum wurde zu einem Symbol für Frieden und Wohlstand.

Heute wachsen Oliven weltweit in vielen warmen Ländern, allein in den Mittelmeerländern über 1000 verschiedene Sorten. 90 % der Olivenernte werden zu Öl gepresst, Hauptproduzent ist Spanien.

Haus-Apotheke

Neben reichlich ungesättigten Fettsäuren enthalten Oliven die Inhaltsstoffe Glykosid und Oleosid, welche die Leber und Galle schützen. Das Öl wirkt appetitanregend und fördert die Verdauung. Oliven
senken auch den Cholesterinspiegel und beugen Krebs vor. Das enthaltene Vitamin E schützt u. a. die Thymusdrüse und hält jung. Ein
Tee aus den getrockneten Blättern wirkt blutdrucksenkend, schlafför-
dernd und bei Problemen in der Menopause.

Einreibungen mit kaltgepresstem Olivenöl unterstützen bei Krämpfen, Verspannungen und trockener Haut. Das Öl dafür am besten
leicht erwärmen. Bei Verbrennungen hilft ein Gemisch von Wein und
Olivenöl (1 : 1).
Als **Sofortmaßnahme** bei Gallenkoliken gilt die stündliche Einnahme von 2 – 3 EL Olivenöl.
Zur Entgiftung des Körpers hilft tägliches »**Ölziehen**« morgens gleich
nach dem Aufstehen. Dazu 1 EL Öl mehrere Minuten lang im Mund
bewegen und dann ausspucken.

Küche

Im Handel sind grüne und reife Oliven in Öl oder Salzlake erhältlich sowie mit Füllung (Paprika, Mandeln und Knoblauchzehen).
Vollständig ausgereifte Oliven sind violett bis schwarz. Achtung! Es
werden jedoch auch künstlich mit Eisengluconat (E579 oder E585)
geschwärzte Produkte verkauft.

Polenta-Spinat-Auflauf mit Oliven

- ✗ ¾ l kochendes Wasser über 250 g Polenta (= grober Maisgrieß) gießen, umrühren und mit Salz, Muskatnuss und Pfeffer würzen. In eine gefettete Auflaufform füllen.
- ✗ 1 kg frischen Blattspinat (ersatzweise Tiefkühl-Blattspinat) mit etwas Wasser kurz andünsten. Den Spinat abtropfen lassen, dabei das überschüssige Wasser in einer Schüssel auffangen.
- ✗ Spinat, 2 fein gehackte Knoblauchzehen und eine Handvoll schwarze Oliven auf der Polenta verteilen.
- ✗ Mit dem Kochwasser, 2 EL Cashewmus, Paprikapulver, Salz und etwas Mehl eine dickliche Sauce anrühren und auf dem Auflauf verteilen.
- ✗ Bei 220 °C ca. 20 Minuten überbacken.

Olivenpaste mit Brot

- ✗ 150 g entsteinte Oliven, 2 TL Kapern, 1 TL Thymian, 3 gepresste Knoblauchzehen und 5 zerkleinerte Salbeiblätter mit dem Stabmixer fein pürieren.
- ✗ Nach und nach 100 ml Olivenöl zugeben.
- ✗ Die Paste mit Salz, Pfeffer, Zitronensaft und etwas Chili abschmecken.
- ✗ Dazu passt getoastetes Weißbrot.

Orange

Die Orange, auch Apfelsine (»Apfel aus China«) genannt, ist die Frucht des Orangenbaums, eines immergrünen Baums aus der Gattung der Zitruspflanzen. Ihre Schale enthält viele Öldrüsen und verströmt einen aromatischen Duft. Aus den Blüten wird das ätherische Neroli-Öl für die Parfümindustrie gewonnen. Grob unterscheidet man vier Orangensorten: Bitter-, Navel-, Blut- und Blondorangen, wobei letztere die wichtigste Gruppe darstellen.

Geschichte

Die Orange stammt ursprünglich aus China bzw. Südostasien, wo sie aus einer Kreuzung von Mandarine und Pampelmuse entstanden ist. Die Bitterorange kam schon im 11. Jahrhundert über den Landweg nach Europa. Erst später brachten portugiesische Seefahrer auch die süße Variante mit. Sie wurde wichtiger Bestandteil der herrschaftlichen Orangerien (Gewächshäuser). Orangen sind heute die am häufigsten angebauten Zitrusfrüchte der Welt. Die größten Produzenten sind Brasilien und die USA.

Citrus aurantium   198

Haus-Apotheke

Orangen machen fit, stressresistent, stärken den Kreislauf und regen den Appetit an. Sie wirken blutreinigend und beugen Infektionen vor. Die Kombination aus Bioflavonoiden, Carotinoiden und Vitamin C wirkt nachweislich krebshemmend.[52]

Orangen helfen auch bei Zahnfleisch- und Nasenbluten. Außerdem aktivieren sie die Sexualhormone und senken Cholesterinspiegel und Blutdruck.

Als **Muntermacher** nach einer durchzechten Nacht hilft ein Glas frisch gepresster Orangensaft. Ebenso nach Fieber und Durchfall sowie bei Müdigkeit und Leistungsschwäche.

Küche

Wie immer ist es gesünder, die ganze geschälte Frucht zu essen als nur den Saft zu trinken. Die hilfreichen Bioflavonoide sitzen im Fruchtfleisch und in der weißen Haut unter der Schale. Die Schale der Orange wird gerne zum Aromatisieren von Speisen und Tees verwendet. Achtung: Konventionelles Obst wird häufig mit Wachs und Konservierungsstoffen behandelt!

52 mehr dazu im Buch von Béliveau/Gingras: Krebszellen mögen keine Himbeeren, S. 249 ff.

Kürbis-Orangensuppe

✗ In einem Topf eine geschnittene Zwiebel anrösten.

✗ Dann etwas Suppengemüse (Karotte, Sellerie, Petersilien-
wurzel) und 0,5 kg klein geschnittenes Kürbisfleisch
zugeben.

✗ Mit 0,75 l Wasser aufgießen, die geriebene Schale einer
kleinen Bio-Orange dazu geben.

✗ Alles weich kochen, danach Thymian, Salz, Pfeffer,
den Saft der Orange und einen Schuss (vegane) Sahne
zugeben.

✗ Die Suppe pürieren und vor dem Servieren mit gerösteten
Kürbiskernen oder Brotwürfeln dekorieren.

Paprika

Der Gemüsepaprika ist eine mehrjährige krautige Pflanze von bis zu 1,5 m Höhe und gehört zur Familie der Nachtschattengewächse. Seine Früchte sind sehr formenreich und farbenfroh (gelb, rot, grün oder violett). Schärfere Paprikasorten werden als Peperoni oder Chili bezeichnet.

Geschichte

Der Paprika kommt ursprünglich aus Süd- und Mittelamerika. Funde belegen, dass seine Wildform schon vor 9000 Jahren in Mexiko genutzt wurde. Durch seine scharfen Inhaltsstoffe schreckte er Säugetiere ab, jedoch nicht Vögel, die ihm halfen, seine Samen weiterzuverbreiten.

Im 15. Jahrhundert nahm ihn Christoph Kolumbus nach Europa mit, wo er besonders in Ungarn großen Anklang fand. Durch die Züchtung milder Sorten setzte er sich auch als Gemüsepflanze durch.

Haus-Apotheke

Paprika ist eine wahre Vitaminbombe mit besonders viel Vitamin C (mehr als doppelt so viel wie Zitronen!). Er besitzt neben dem Scharf-macher Capsaicin eine Vielzahl von Carotinoiden (im Farbstoff), ätherischen Ölen und Bioflavonoiden. Dadurch wirkt er antioxidativ, immunstärkend und krebsvorbeugend. Er hilft auch bei Durchblu-tungsstörungen und Migräne. Die schärferen Paprikasorten bringen den Kreislauf in Schwung, regen die Verdauungsdrüsen an sowie die Libido. Inhaltsstoffe des Paprikas werden in Medikamenten gegen rheumatische Beschwerden eingesetzt.

Als **gesunder Snack** für zwischendurch sind bunte Paprikastreifen bei Kindern sehr beliebt.

Küche

Paprika bringt Farbe ins Essen, ob im Gemüseeintopf oder im Salat. Süßes und scharfes Paprikapulver wird als Würze in vielen Küchen geschätzt, z. B. in der Tabascosauce, als Cayennepfeffer, Sambal Oelek (Indonesien), Ajvar (Südosteuropa), Harissa (Nordafrika), Mojo (Ka-naren) oder im Salsa (Mexiko).

Salsa

- ✗ 6 große, gehäutete Tomaten, jeweils eine entkernte und klein gehackte Paprika- und Chilischote, 2 zerdrückte Knoblauchzehen und 2 EL frisch gepressten Zitronensaft mischen und grob pürieren.
- ✗ Je nach Geschmack eine rote gehackte Zwiebel untermengen.
- ✗ Mit frischem Koriander, Salz und Pfeffer abschmecken.
- ✗ Schmeckt gut als Dip mit Tortillachips oder Gemüse-streifen.

Quinoa

Quinoa ist ein sogenanntes »Pseudogetreide« und gehört eigentlich zur Familie der Fuchsschwanzgewächse. Die Pflanze ist einjährig, krautig und 50 bis 150 cm hoch. Sie ist sehr robust und gedeiht noch bis in Höhen von 4 300 m. Aus den unscheinbaren grünen Blüten entwickeln sich die ca. 2 mm großen Nussfrüchte. In vielen Entwicklungsländern wird Quinoa nach wie vor von Kleinbauern mit der Sichel geschnitten. Auch in Mitteleuropa gibt es vereinzelt Quinoa-Anbau, hier erfolgt die Ernte jedoch mit Mähdreschern. Die Blätter können als Gemüse oder Grünfutter für Tiere verwendet werden.

Geschichte

Gemeinsam mit Amaranth ist Quinoa als »Korn der Indios« bekannt. Seit Urzeiten sind beide ein wichtiges Grundnahrungsmittel für die indigenen Völker Südamerikas. Während der spanischen Eroberungskriege im 16. Jahrhundert wurden sie als unchristlich verteufelt (»Heidenkorn«). Ihr Anbau war bei Todesstrafe verboten, um damit die Inkas und Azteken zu schwächen. Hauptproduzenten von Quinoa sind Peru, Bolivien und Ecuador. Durch die Reformhausbewegung wurde der »Inkareis« in den letzten Jahren auch bei uns bekannter.

Haus-Apotheke

Quinoa enthält große Mengen an essentiellen Aminosäuren. Ihr hoher Proteingehalt (ca. 14 %) steigt mit der Höhe der Anbaufläche noch weiter an. Die Aminosäure Lysin hemmt die Ausbreitung von Krebs und Arteriosklerose. Als Baustein des Kollagens repariert sie bereits zerstörtes Bindegewebe. Quinoa enthält neben reichlich Magnesium auch Mangan und Kupfer, das vor freien Radikalen schützt und die Knochen kräftigt. Saponine senken den Cholesteringehalt im Blut. Quinoa ist ein wichtiges Nahrungsmittel für Menschen mit Zöliakie, Candida-Pilzbelastung und Gewichtsproblemen. Aus Quinoa kann sogar glutenfreies Bier hergestellt werden.

Als **Migräne-Mittel** Quinoa in den Speiseplan einbauen. Es hilft, die Blutgefäße zu entspannen und regt den Energiestoffwechsel der Zellen an.

Küche

Wegen der bitter schmeckenden Saponine in der Samenschale (einem natürlichen Fraßschutz) sind die Körner roh ungenießbar. Im Lebensmittelhandel wird Quinoa bereits geschält angeboten. Die Körner vor dem Kochen gut mit heißem Wasser abspülen, dann mit der doppelten Wassermenge aufkochen, bei niedriger Temperatur 10 Minuten weiter köcheln und 15 Minuten ausquellen lassen. Gekochte Quinoa eignen sich auch gut als Zutat für Salate oder Müsli, denn die Körner haben einen aromatischen, nussartigen Geschmack. Zum Backen wird das Quinoa-Mehl mit einem Viertel kleberhaltigem Mehl gemischt (z. B. Weizen).

Quinoa-Kräutersalat

✗ 200 g Quinoa nach Anleitung zubereiten.

✗ 1 weiche, würfelig geschnittene Avocado,
gehackte Kräuter (junge Löwenzahnblätter,
Feldsalat, Vogelmiere, Kresse, ...)
und Walnüsse hinzugeben.

✗ Mit Balsamico-Essig, Olivenöl, Salz und Pfeffer
abschmecken.

Chenopodium quinoa 206

Reis

Die Kulturreispflanze wird 50 bis 160 cm hoch und besitzt eine Vielzahl von Halmen. An der Spitze der Halme bildet sich eine überhängende Rispe aus, die bis zu 100 Früchte tragen kann. Reis ist ursprünglich keine Wasserpflanze. Trotzdem werden 80 % der Welternte im Nassanbau erzeugt, da das Fluten der Felder Unkraut und Schädlinge fernhält. Nach dem Schneiden wird der Reis gedroschen und in der Mühle entspelzt. Beim weißen Reis wird zusätzlich noch das Silberhäutchen abgeschliffen. Dadurch hält sich der Reis länger, verliert jedoch den größten Teil seiner Mineralstoffe und Vitamine. Beim *Parboiled Reis* wird ein Teil der Inhaltsstoffe vor dem Schälen unter Wasserdampf ins Innere des Korns gepresst.

Geschichte

Wilder Reis wurde schon sehr früh gesammelt und gekocht. Die ältesten Funde stammen aus China und Thailand (vor ca. 12000 Jahren). Die Domestizierung von Reis fand wahrscheinlich gleichzeitig an mehreren Orten der Welt statt, um den Nahrungsbedarf der Men-

schen besser decken zu können. Seit 400 v. Chr. ist Reis in Mesopotamien bekannt, ab 1000 n. Chr. brachten ihn die Mauren nach Spanien. In Asien gilt Reis seit jeher als wichtigstes Grundnahrungsmittel. Er wird als Geschenk der Götter gesehen und sein Anbau mit vielfältigen Ritualen begleitet. Da Reis Fruchtbarkeit bringen soll, bewerfen die Besucher einer Hochzeit das frisch vermählte Paar mit Reiskörnern.

Haus-Apotheke

Vollkornreis hat wenig Kalorien, wirkt entwässernd und eignet sich gut als Diätnahrung bei Übergewicht. Auch bei Darmkrankheiten und für Kleinkinder sowie bei Gluten-Unverträglichkeit findet er Verwendung. Er unterstützt das Herz-Kreislauf-System, senkt den Cholesterinwert und den Blutdruck. Außerdem enthält er viel Vitamin B1 und B2 für die Nerven und stärkt Haare, Zähne, Nägel und Knochen.

Bei Durchfall und einer geschwächten Darmflora hilft **Reisschleim:** Dazu 25 g Reis in 1 l Wasser verkochen.

Küche

Insgesamt gibt es mehr als 120 000 Reissorten. Dabei wird grob zwischen dem Lang- und dem Rundkornreis unterschieden. Beide gibt es geschliffen oder als Vollkornreis im Handel. Bekannte Reissorten sind *Arborio* für italienisches Risotto, *Basmati* für indische Gerichte, der duftende *Jasminreis* aus Thailand oder *Koshihikari-Reis* für japanisches Sushi. Wie andere Getreide auch wird Reis zur Herstellung von Bier und Wein genutzt (z. B. Sake).

Milchreis mit Früchten

✗ 1 l Vanille-Reis-Drink mit 200 g Milchreis zum Kochen bringen und anschließend bei leichter Hitze ausquellen lassen.

✗ In der kalten Jahreszeit mit etwas Zimt bestreuen und mit Kirschen- oder Zwetschenkompott garnieren.

✗ Im Sommer mit frischem Obst servieren.

Rhabarber

Der Gemüse-Rhabarber gehört zur Familie der Knöterichgewächse und ist eine ausdauernde Pflanze. Während die oberirdischen Teile im Herbst absterben, verbleiben die dicken Rhizome in der Erde und treiben im Frühjahr wieder aus. Die rot und grün gefärbten Blattstiele des Rhabarbers sind gekocht oder gebacken eine Delikatesse. Seine Blätter enthalten jedoch Giftstoffe und dürfen weder roh noch gekocht gegessen werden.

Geschichte

Im Namen des Rhabarbers lässt sich noch das Wort für Fremder (»Barbar«) erkennen. Er stammt ursprünglich aus der Himalaya-Region. Die Heilkraft seiner Wurzeln wurde schon 2700 v. Chr. in einem chinesischen Kräuterbuch erwähnt. Der Rhabarber gelangte zunächst nach Russland und erst im 18. Jahrhundert auch in andere Teile Europas. Hundert Jahre später begann der Anbau in Deutschland und zwar sowohl im Freiland als auch in Glashäusern. Obwohl Rhabarber eine Gemüsepflanze ist, wird er gemeinhin (und in den USA per Gesetz) als Obst angesehen.

Haus-Apotheke

Die Blattstiele des Rhabarbers bestehen fast zur Gänze aus Wasser und sind daher sehr kalorienarm. Für Geschmack und Heilwirkung verantwortlich sind die reichlich vorhandene Zitronen- und Apfelsäure, Gerbstoffe, Pektin, ätherische Öle und sekundäre Pflanzenstoffe. Sie unterstützen unter anderem Leber und Galle. Rhabarber wirkt entwässernd, blutbildend und ist recht ballaststoffreich. Daher ist er für eine **Entschlackungskur** im Frühjahr zu empfehlen. Inhaltsstoffe aus der Wurzel des Zier-Rhabarbers werden in der Phytotherapie verwendet, um die Darmbewegung anzuregen und Verstopfung zu lösen. Da Rhabarber Oxalsäure enthält, sollten Nieren- oder Gallenkranke sowie Kinder nur kleinere Mengen davon zu sich nehmen. Ab Johanni (24. 6.) werden die Stängel traditionell nicht mehr gegessen, da nun der Oxalsäuregehalt zu hoch wird.

Als **Pflegespülung** bei trockenem und sprödem Haar eine Handvoll zerkleinerte Rhabarberwurzeln auskochen, die Brühe auf dem gewaschenen Haar verteilen und 10 Minuten einwirken lassen.

Ein **Tee aus Rhabarberblättern** soll Läuse und andere Schädlinge bei Obstbäumen vertreiben. Dazu 0,5 kg Blätter in 3 – 4 l Wasser eine halbe Stunde kochen. Drei Tage hintereinander die befallenen Pflanzenteile mit der Brühe bespritzen.

Küche

Nach Entfernen des Blattes werden die Stiele des Rhabarbers geschält, klein geschnitten und meist mit etwas Zucker zu Kompott weiter verarbeitet. Wegen seines süß-säuerlichen Geschmacks ist er im Frühjahr noch vor den Erdbeeren als Kuchenbelag begehrt.
Rhabarber muss luftdurchlässig gelagert werden.

Rhabarberstrudel

✗ 500 g Rhabarber schälen, in 1 cm dicke Stücke schneiden und 30 Minuten in einer Mischung aus Rum, Wasser, Zimt und Rohrzucker ziehen lassen.

✗ 1 Packung Strudelteig auf einem Backblech ausrollen.

✗ 5 EL Semmelbrösel in Biomargarine rösten und auf dem mittleren Teigstreifen verteilen. Darauf kommen die abgetropften Rhabarber-Stücke.

✗ Den Strudel einrollen und mit etwas Reismilch bestreichen.

✗ Bei 200 °C backen, bis sich die Oberfläche bräunt.

✗ Vor dem Servieren mit Puderzucker bestreuen.

Roggen

Der Roggen gehört zur Familie der Süßgräser und ist eine robuste Pflanze, die auch an kühleren Standorten wächst. Seine Halme werden 0,5 bis 2 m hoch. An der Spitze bilden sich vierkantige Ähren mit langen Grannen.

Geschichte

Ursprünglich kam der Roggen wahrscheinlich mit dem Weizen als Beipflanze aus seiner Heimat im Kaukasusgebiet nach Europa. Erste Funde gibt es von steinzeitlichen Siedlungen in Südpolen. Zunächst blieb er eine eher unbedeutende Feldfrucht und die Römer verspotteten ihn als minderwertig. Erst zu Beginn des Mittelalters wurde der Roggen wegen seiner Unempfindlichkeit gegenüber niedrigen Temperaturen in ganz Mitteleuropa als Brotgetreide angebaut und übertraf bald den Weizen in seiner Bedeutung. Nach dem Zweiten Weltkrieg verlor er diese Sonderstellung wieder.

Haus-Apotheke

Roggen enthält besonders viel essentielle Aminosäuren, u. a. Lysin, das
für Immunsystem und Knochenaufbau wichtig ist. Er liefert viele B-
Vitamine für starke Nerven, Muskeln und gesunde Haut. Seine zahl-
reichen Ballaststoffe senken den Cholesterinspiegel. Im Vollkornbrot
finden sich auch die Spurenelemente Zink und Kupfer fürs Gehirn
sowie Selen. Daneben sind die sekundären Pflanzenstoffe von großer
Bedeutung, z. B. zur Vorbeugung von Krebs und Herz-Kreislauf-Erkrankungen.

Naturgesäuertes Roggenbrot bringt den Darm in Schwung. Die
Bakterien unterstützen die Darmflora und damit das Immunsystem. Wegen seiner harten Kruste muss es intensiv gekaut werden und
schützt so vor Karies und Zahnverfall.

Als **Umschlag** bei Entzündungen und Furunkeln etwas Roggenmehl
mit Wasser aufkochen, den Brei auf ein Stück Stoff streichen und auf
die betroffene Hautstelle auflegen.

Küche

Vollkornbrot sollte immer einige Zeit gelagert werden, damit es nach-
gären kann und so besser verträglich wird. Auf den Bauernhöfen wurde daher früher nur alle 14 Tage Brot gebacken. Pumpernickel wird
aus Roggenvollkorn-Schrot hergestellt und ist besonders gesund. Konventionelles Roggenbrot aus dem Supermarkt enthält oft nur kleine
Mengen Roggenmehl und wird stattdessen zwecks »gesünderer Optik« mit Malz eingefärbt.
Tipp: Im Bioladen gibt es oft gut abgelagertes Brot vom Vortag zu
einem günstigeren Preis.

Adventlicher Lebkuchen

- ✗ 250 g Roggen- und 250 g Dinkelmehl mit 350 g Zucker, ½ l Reismilch, 2 EL Kakaopulver, 2 EL Öl, 2 EL Lebkuchen-gewürz und 1 Päckchen Backpulver verrühren.
- ✗ Die Mischung auf ein Backblech gießen und mit weißen Mandeln verzieren.
- ✗ Bei 180 °C 35 Minuten backen, danach in Stücke schneiden.
- ✗ Dieser Lebkuchen ist sehr saftig und sollte wie ein normaler Kuchen bald verzehrt werden.

Rote Rübe

Die Rote Rübe, auch Rote Be(e)te oder Rande genannt, ist eine zweijährige krautige Pflanze, die auch einjährig kultiviert wird. Sie ist ein sehr widerstandsfähiges Gemüse, verwandt mit dem Mangold, das gut gelagert werden kann und auch in den Wintermonaten zur Verfügung steht. Neben der bekannten tiefroten Rübe gibt es auch farblose und hellgelbe Varianten.

Geschichte

Die Rote Rübe stammt ursprünglich von der Wilden Rübe ab, die im Mittelmeerraum und in Nordafrika heimisch war. Die Römer verbreiteten sie später in ganz Mitteleuropa. Schon im Mittelalter galt sie als besonders blutbildend. Früher wurde sie auch als Färberpflanze eingesetzt.

Haus-Apotheke

Das aromatische Fleisch der Roten Rübe bietet besonders wertvolle Aminosäuren und eine Vielzahl an sekundären Pflanzenstoffen. Sie ist ein gutes Mittel gegen Infekte, niedrigen Blutdruck und Arterioskle-

rose. Dazu wirkt sie antioxidativ, appetitanregend und krebspräventiv. Die Rote Rübe kräftigt das Bindegewebe und kann dabei helfen, Schäden von radioaktiver Strahlung zu mindern.

Zur **Vorbeugung von Erkältungen** ist der Saft einer Roten Rübe sehr empfehlenswert. Dazu die rohe Rübe fein raspeln oder mit einer Kartoffelpresse auspressen. Der Saft hilft auch bei Halsschmerzen und Fieber. Für Kinder mit Apfelsaft mischen.

Als **Blutreinigungskur** wird zwei Monate lang täglich 0,5 l Rote-Rüben-Saft getrunken.

Küche

Die Rote Rübe wird als Saft, Salat oder in gekochter Form verzehrt. Auch ihre jungen Blätter können gegessen werden. Nach dem Genuss nicht erschrecken: Der rote Farbstoff wird rasch über den Urin ausgeschieden. Da die Rote Rübe Nitrat speichert, sollte sie gemeinsam mit Vitamin-C-reichen Lebensmitteln zubereitet werden. Sie enthält auch Oxalsäure.

Borschtsch

- ✗ 3 Rote Rüben, 2 Knoblauchzehen, 1 Karotte und 1 Stück Knollensellerie schälen und würfelig schneiden.
- ✗ In einem großen Topf mit Öl anbraten, dann Wasser zugeben, bis das Gemüse bedeckt ist.
- ✗ Mit Salz, Pfeffer und 2 EL Tomatenmark würzen.
- ✗ Bei geschlossenem Deckel 20 Minuten leicht köcheln lassen.
- ✗ 2 Kartoffeln schälen und würfelig schneiden.
- ✗ ½ kleinen Weißkohl fein raspeln und beides in die Suppe geben.
- ✗ Wasser hinzufügen und alles weitere 20 Minuten köcheln.
- ✗ Mit Zitronensaft, Petersilie und Dill verfeinern.
- ✗ Dazu passt kräftiges Roggenbrot.

Salat

Salat ist eine Sammelbezeich-
nung für verschiedenste Blattgemüse. Allein im deutschsprachigen Raum werden über
50 Sorten vermarktet: Eissalat,
Eichblattsalat, Lollo rosso, Bata-
via etc. Der bekannteste ist der
Kopf- oder Häuptelsalat. Er gehört zur Familie der Korbblütler
und ist eine ein- bis zweijährige
krautige Pflanze.

Geschichte

Viele Salatsorten stammen aus
den südlichen Regionen zwischen Nordafrika, Griechenland und Spanien. Der Vorfahre des gängigen Kopfsalats war der Zaun-Lattich, eine
weit verbreitete Steppenpflanze. Schon früh wurde dieser in vielen verschiedenen Sorten kultiviert und später über Babylon, Persien, Ägypten und Griechenland weiter verbreitet.

Haus-Apotheke

Alle Salatsorten sind sehr kalorienarm und bieten immerhin 1 g/100 g
an Eiweiß. Sie enthalten viele Vitamine, Mineralien und Ballaststoffe,
die die Verdauung fördern. Das Chlorophyll, das für die grüne Farbe
der Blätter verantwortlich ist, erhöht die Sauerstoffzufuhr zum Gehirn.
In der kalten Jahreszeit beugen Wintersalatsorten Erkältungen vor. Die
Bitterstoffe in Endiviensalat, Radicchio oder jungen Löwenzahnblät-
tern wirken desinfizierend, harntreibend, entgiftend und positiv auf
Leber und Galle. Feldsalat hilft durch seinen hohen Magnesiumanteil

bei Stress und Herzproblemen. Vegetarier und menstruierende Frauen schätzen auch das enthaltene Eisen. Zur besseren Aufnahme mit etwas Zitronensaft zubereiten.

Bei Schlafstörungen hilft ein **Grüner Smoothie** täglich statt des Frühstücks oder als Zwischenmahlzeit getrunken (Rezept siehe unten).

Küche

Salat kann sowohl roh verzehrt als auch als Gemüse gekocht werden. Der Kauf von bereits gewaschenen, fertig zerkleinerten und in Folie verpackten Salatmischungen ist nicht zu empfehlen, da diese anfällig für Mikroorganismen sind. Im Winter sollten statt der nitrathaltigen Gewächshaussalate besser Sorten wie Chicorée, Radicchio oder Endiviensalat auf den Tisch kommen.

Grüner Smoothie

✗ **Grüne Säfte bestehen aus ca. 60 % Obst und 40 % grünen Blättern, die mit etwas Wasser fein gemixt werden, sodass ein sämiges Getränk entsteht.**

✗ **Neben dem klassischen Salat schmeckt auch das Grün von Radieschen, Roten Rüben oder Kohlrabi ausgezeichnet.**

✗ **Die Kombination von Obst mit stärkehaltigem Gemüse (wie Rote Rübe, Karotten oder Karfiol) ist schwerer verdaulich.**

✗ **Um den Geschmack zu variieren, können Sie gerne Wildkräuter der Saison beifügen wie Vogelmiere, Löwenzahnblätter oder Gundelrebe.**

✗ **Lassen Sie sich beim Trinken Ihres Smoothies Zeit und speicheln Sie jeden Schluck gut ein.**

✗ **Mindestens eine halbe Stunde Abstand zu den Mahlzeiten einhalten, damit der Körper die enthaltenen Nährstoffe optimal aufnehmen kann.**

Sellerie

Der Sellerie (auch Zeller oder Suppenkraut genannt) gehört zu den Doldenblütlern und ist eine einjährige bis ausdauernde krautige Pflanze. Er wächst im gemäßigten Klima auf der Nordhalbkugel.

Je nachdem welcher Teil der Pflanze Verwendung findet (Wurzel, Stiele oder Blätter), wird er in Knollen-, Stangen- oder Schnittsellerie unterschieden.

Geschichte

Die Wildform des Selleries wurde schon im alten Ägypten vor 3000 Jahren als Heilpflanze verwendet. Den Toten gab man sie auf ihrem Weg ins Jenseits mit. Im antiken Griechenland und Rom wurde Sellerie als Attribut des Ruhmes geschätzt. Bei Wettkämpfen zierte ein Kranz aus Selleriezweigen das Haupt des Siegers. Im Mittelalter lobte man vor allem seine Wirkung als Potenzmittel und Mutmacher bei Ängsten. Die verschiedenen Zuchtformen des Selleries entstanden ab dem 17. Jahrhundert in Italien.

Haus-Apotheke

Sellerie wirkt durch seine ätherischen Öle wassertreibend, entgiftend und wird bei Rheuma und Lymphstauungen empfohlen. Er regt den Appetit und die Körpersäfte an, stärkt den Kreislauf und macht müde Geister munter. In der slawischen Volksmedizin gilt der Sellerie als Frauenpflanze, da er bei Regelschmerzen die Bauchregion entspannt und eine zu schwache Menstruation fördern kann. Bei Männern stärkt er die Libido. Weiterhin wirkt er antibakteriell, z. B. bei Halsschmerzen, Husten und Harnwegsentzündungen. Neue Forschungen untersuchen seine heilende Wirkung bei Aids und multipler Sklerose.

Bei Husten und Halsschmerzen helfen selbst hergestellte **Selleriezuckerln:**
- ✗ *Dazu wird der Wurzelsaft mit Rohrzucker dick eingekocht.*
- ✗ *Wenn die Masse fest zu werden beginnt, gießt man sie auf ein Blech, lässt sie trocknen und schneidet sie dann in mundgerechte Würfelchen.*

Eine **Selleriesaft-Kur** hilft bei Wasseransammlungen im Körper. Täglich den ausgepressten Saft von 2 Knollen trinken. Dies soll auch das Haarwachstum anregen.

Küche

Geschält und klein geschnitten ist Sellerie ein wichtiger Bestandteil von Suppenwürzen. Besonders viele Vitalstoffe befinden sich bei dem Knollensellerie in den grünen Blättern (mitverwenden!). Er kann auch roh zu Salaten verarbeitet werden. Doch Achtung: Allergie gegen Sellerie ist weitverbreitet!

Gebackener Sellerie:

✗ Sellerie in 1 cm dicke Scheiben schneiden und bissfest garen.

✗ Die Scheiben mit Salz, Pfeffer und etwas Zitronensaft würzen.

✗ Nacheinander in Mehl, Sojamilch und Paniermehl (Bröseln) wenden und in Öl beidseitig goldgelb backen.

✗ Dazu passen Kartoffeln und Salat.

Soja

Die Sojabohne ist eine sehr sortenreiche einjährige Pflanze und gehört zur Familie der Hülsenfrüchte. In Asien ist sie seit Jahrhunderten ein wichtiges Grundnahrungsmittel (»Fleisch Asiens«). Mit dem Boom der fleischlosen Ernährung und der Laktose-Unverträglichkeit vieler Menschen wird Soja auch bei uns immer beliebter. Weltweit ist sie die wichtigste Ölsaat.

Geschichte

Die Wildform der Sojabohne wurde bereits vor 9000 Jahren in Nordchina genutzt, domestizierte Formen finden sich ab 3000 v. Chr. in Japan. Im 18. Jahrhundert gelangte die Sojabohne nach Europa. Bis in die 1930er-Jahre wurde Sojaöl in den USA fast ausschließlich zur Produktion von Farben und Firnis verwendet. Mit dem Anstieg der Fleischproduktion nach dem Zweiten Weltkrieg nahm die Bedeutung von Soja als Viehfutter immer mehr zu. Heute werden nur 2 % der weltweiten Sojaernte vom Menschen direkt konsumiert, 80–90 % gehen in die Tiernahrung. Der Rest wird z. B. zu Biodiesel weiterverarbeitet. In Argentinien und Brasilien holzt man dafür jährlich große Flächen an Regenwald ab.

Trotz weltweiten Protesten von Umweltschutzorganisationen ist seit 1996 der Anbau von gentechnisch verändertem Saatgut in vielen Ländern freigegeben.

Haus-Apotheke

Die Sojabohne enthält reichlich hochwertiges pflanzliches Eiweiß und ist damit eine wichtige Alternative zu Fleisch. Ein Esslöffel Sojamehl entspricht in etwa dem Eiweiß- und Fettgehalt eines Hühnereis.[53] Soja bietet viele B-Vitamine (besonders Folsäure) sowie Magnesium, Eisen, Calcium und Zink. Das enthaltene Lecithin macht stressresistent, ist leberfreundlich und hilft bei Hautkrankheiten. Ungesättigte Fettsäuren senken den Cholesterinspiegel und schützen das Herz. Nachweislich besitzt Soja hochwirksame Substanzen (Isoflavone), die krebspräventiv wirken und unliebsame Symptome in den Wechseljahren mildern können.[54] Wegen des hohen Gehalts dieser Phytoöstrogene sollten kleine Jungen nur mäßige Mengen an Soja konsumieren.

Bei Müdigkeit, Antriebslosigkeit und Nervosität vermehrt Sojagerichte in den Speiseplan einbauen.

Sojaöl wirkt verjüngend durch seinen hohen Gehalt an Lecithin und Vitamin E.

---

53 Münzing-Ruef, Ingeborg: Kursbuch gesunde Ernährung, S. 405
54 mehr dazu bei Béliveau/Gingras: Krebszellen mögen keine Himbeeren, S. 155 ff.

Küche

Mittlerweile gibt es viele Milch- und Fleischprodukte auch auf Sojaba-
sis zu kaufen. Bitte achten Sie auf gentechnikfreie Qualität!
Die Sojabohne muss vor dem Genuss verarbeitet werden, z. B. durch
eine natürliche Keimung und Fermentierung (ähnlich dem Sauerkraut), bei der hochwertige Enzyme aufgeschlossen werden. Soja ist
heute Bestandteil vieler Fertigprodukte (Achtung Allergiker!).

Gebratener Tofu auf Salat

✗ Eine Packung Tofu in schmale Scheiben schneiden und
  1 Stunde in einer Marinade aus Sojasauce, Sesamöl und
  Balsamico-Essig ziehen lassen.

✗ Dann beidseitig in einer Pfanne heraus braten.

✗ Je nach Jahreszeit junge Löwenzahnblätter, Rucola oder
  Kopfsalat in mundgerechte Stücke zupfen und mit der
  übrig gebliebenen Marinade beträufeln.

✗ Die Tofuscheiben darauf legen und mit geröstetem Sesam
  oder gegrillten Paprikastreifen bestreuen.

✗ Tofu gibt es auch fertig mariniert oder geräuchert
  (wie Speck) im Handel.

Sonnenlicht

Wo die Sonne nicht hinkommt, ist der Doktor nicht fern (italienisches Sprichwort).

Sonnenlicht ist die Voraussetzung dafür, dass sich das Leben, wie wir es kennen, auf der Erde entwickeln konnte. »Pur« ist die Strahlung allerdings tödlich für uns. Zunächst musste sich die filternde Ozonschicht entwickeln, sodass überhaupt Lebewesen aus dem Meer das Land besiedeln konnten. Licht stellt ein wichtiges immaterielles Lebensmittel dar. Schon der Arzt Hippokrates beschrieb ca. 400 v. Chr., dass sich Laune und Energie seiner Patienten mit dem Stand der Sonne veränderten. Licht steuert die Zyklen in der Natur, von den großen Jahreszeiten bis zum individuellen Tagesrhythmus und den biologischen Prozessen in jeder Zelle. Im menschlichen Organismus stimuliert es die Zirbeldrüse, greift in den Kaliumhaushalt ein und sorgt für die Ausschüttung von Hormonen und Botenstoffen. Dabei spielt nicht nur das sichtbare Licht eine Rolle. Auch die ultraviolette Strahlung, Infrarot und diverse kosmische Strahlungen wirken auf uns ein.

In der Menschheitsgeschichte gab es viele Hochkulturen, die auf der Verehrung der Sonne basieren (z. B. bei den Ägyptern oder Inkas). In

der antiken Medizin nahm die Heliotherapie einen wichtigen Platz ein. Alte Kurorte mit Terrassen zum Sonnenbaden zeugen noch heute von der Wichtigkeit der Sonne als Heilmittel, z. B. bei Tuberkulose.

Licht- und Farbtherapie

Das menschliche System hat sich in seiner Entwicklungsgeschichte perfekt an die Rhythmen der Sonne angepasst. Wird dieses Zusammenspiel gestört, kommt es zu einer Beeinträchtigung der Leistungsfähigkeit (z. B. beim Jetlag). Bei längerfristigen Verschiebungen, wie sie etwa die Schichtarbeit verlangt, steigt das Risiko, an Depression, Burnout oder Brustkrebs zu erkranken.

Die Lichttherapie wird zur Heilung von Winterdepressionen, zur Regulierung der inneren Uhr bei Schlafstörungen und bei Hautkrankheiten wie Neurodermitis und Psoriasis eingesetzt.

Bei der Farbtherapie werden ausgewählte Frequenzen des Farbspektrums verwendet, um bestimmte psychische und biologische Wirkungen im Menschen zu erzeugen: Orange wirkt zum Beispiel appetitanregend, blau beruhigend.

Auch in der Architektur gibt es Versuche, die Gesundheit der Bewohner durch bewusste Farbauswahl, lichtlenkende Elemente oder Vollspektrumlicht zu fördern (z. B. in Krankenhäusern oder Schulen). Mit neuen LED-Technologien kann die künstliche Beleuchtung der jeweiligen Tageszeit angepasst werden (von Sonnenaufgang bis -untergang).

Vitamin D

80 – 90 % des benötigten Vitamin D stellt der Körper mit Hilfe der UV-Strahlung selbst her. Vitamin D ist eigentlich ein Hormon und wird für ein intaktes Immunsystem, Knochen- und Muskelaufbau dringend benötigt. Es wirkt gegen eine Reihe von Erkrankungen wie Depressionen, Schlafstörungen, Demenz und Herz-Kreislauf-Störungen. Auch bietet es einen viel höheren Grippeschutz als Impfungen.[55]

Bei der Krebsvorbeugung spielt es eine wichtige Rolle.[56] Doch noch nie in der Geschichte haben wir Menschen in den Industrieländern so viel Zeit in geschlossenen Räumen mit Kunstlicht verbracht. Zahlreiche Studien belegen, dass ein Großteil der Mittel- und Nordeuropäer einen eklatanten Vitamin-D-Mangel aufweist. Sogar im Sommer kann es durch den Einsatz von Sonnenschutzmitteln zu einer Unterversorgung kommen.

Haus-Apotheke

Bei einem Vitamin-D-Mangel hilft möglichst viel Aufenthalt im Freien. Machen Sie es sich zur Gewohnheit, Ihre Freizeit draußen zu verbringen und statt Rauchpausen »Lichtpausen« einzulegen. Zusätzlich unterstützen Pilze, Avocados oder auch Vitamin-D-Präparate.

Regelmäßig Sonnenbaden

✗ **Dafür die unbedeckte Haut 30 Minuten der klaren Sonne aussetzen (ohne Sonnenschutzmittel!). Es ist besonders im Winter wichtig, zumindest Gesicht und Hände vom Licht bescheinen zu lassen.**

---

55 Dahlke, Ruediger: Peace Food, S. 226
56 mehr dazu im Buch von Spitz/Grant: Krebszellen mögen keine Sonne, siehe Literaturhinweise

Spargel

Der Gemüsespargel gehört zu den Liliengewächsen und ist eine mehrjährige 60–120 cm hohe krautige Pflanze. Er wird in aufgeworfenen Dämmen kultiviert. Im Frühjahr bilden die unterirdischen Sprossachsen Knospen aus, welche in 8–10 Tagen erntereif sind. Im Handel unterscheidet man zwischen grünem und weißem Spargel, wobei letzterer erst seit dem 19. Jahrhundert angeboten wird. Seine Sprossen werden durch das Aufhäufeln von Erde vor Sonnenlicht geschützt und können so kein Chlorophyll bilden.

Geschichte

Spargel ist eine Gemüse- und Heilpflanze mit langer Geschichte. Schon vor 5000 Jahren nutzten ihn die alten Chinesen z. B. bei Blasenproblemen. Auch bei den Ägyptern, den Griechen und Römern wurde er als Heilpflanze und Leckerbissen geschätzt. Die Heimat des Spargels sind die Flussufer Südeuropas und Vorderasiens, wo man seine Wildform noch immer antreffen kann. In Mitteleuropa setzte sich der Gemüsespargel-Anbau ab dem 16. Jahrhundert durch, zunächst als Delikatesse für die Reichen.

Haus-Apotheke

Spargel besteht fast nur aus Wasser (92 %), doch enthält er eine Vielzahl an Mineralstoffen und Vitaminen. Er verjüngt die Zellen, stärkt die Libido, das Immunsystem und das Herz (Infarktprophylaxe). Außerdem wirkt er entwässernd, blutreinigend und basenbildend. Die Aminosäure Asparagin regelt den Harnstoffzyklus. Durch die Elemente Kupfer und Eisen reduziert er die Aufnahme von Blei im Körper. Spargel ist als sehr kalorienarmes Gemüse gut zum Abnehmen und auch für Diabetiker geeignet. Bei entzündeten Nieren sollte er jedoch gemieden werden.

Spargel-Tee hilft bei unreiner Haut, Gallen- und Leberleiden. Dazu den Spargel (Bioqualität) mit den gewaschenen Schalen kochen und danach das ungesalzene Kochwasser trinken.

Küche

Frischen Spargel erkennt man an den geschlossenen Köpfen und dass er beim Aneinanderreiben »quietscht«. Der grüne Spargel enthält mehr heilsame Stoffe als der weiße. Spargel wird meistens in Wasser gekocht zubereitet. Dafür den weißen Spargel vom Kopf abwärts, den grünen nur am unteren Drittel schälen und die verholzten Enden abschneiden. Profis binden die Triebe zusammen und garen sie stehend ca. 10 Minuten in einen schmalen, hohen Topf (aluminiumfrei). Das Wasser sollte dabei knapp unter die Köpfe reichen. Man kann Spargel aber auch roh essen, braten oder frittieren.

Grüner Spargel aus dem Ofen

✗ Vorbereitete Spargelstangen mit pflanzlichen Butter-flöckchen (und Knoblauchscheiben) garniert in eine feuerfeste Form legen.

✗ Leicht salzen und 30 Minuten bei 200 °C im Ofen garen.

✗ Mit Zitronensaft verfeinern.

✗ Schmeckt köstlich zu Weizenbrot.

✗ Tipp: Für 1 – 2 Portionen lohnt es sich nicht, den Backofen zu benutzen. Schneller und stromsparender geht es in der Pfanne. Dazu den Spargel in mundgerechte Stücke schneiden und beim Anbraten öfter wenden.

Spinat

Spinat ist eine einjährige krautige Pflanze aus der Familie der Gänsefußgewächse. Er wird heute weltweit als Gemüsepflanze angebaut. Aus seinen Blättern kann der Lebensmittelfarbstoff Chlorophyll gewonnen werden, der z. B. zum Färben von Nudeln verwendet wird.

Geschichte

Die Kulturform des Spinats scheint aus dem Orient zu stammen. Im 13. Jahrhundert n. Chr. wurde erstmals in Europa über ihn berichtet. Im Hochmittelalter verdrängte er die damals beliebte Gartenmelde. Berühmtheit erlangte Spinat durch den Zeichentrick-Star Popeye, der ihm seine Bärenkräfte verdankte.

Haus-Apotheke

Spinat ist eine richtige Vitalstoffbombe. Außerdem enthält er hochwertiges Eiweiß und Ballaststoffe, die den Darm reinigen. Er unterstützt den Körper bei der Blutbildung und Entgiftung sowie bei Fieber und Entzündungen der Lunge. Die hormonähnliche Substanz Sekretin regt die Bauchspeicheldrüse an. Da Spinat kalorienarm ist und den Körper entwässert, hilft er beim Abnehmen.

Als **Hausmittel bei Durchfall** oder **Verstopfung** einige frische Spinatblätter gründlich kauen. Dies unterstützt die Schleimhautdrüsen des Darms und wirkt regulierend.

Küche

Spinat (roh oder gekocht) sollte nicht zu lange gelagert werden, da sich sonst das enthaltene Nitrat in Nitrit umwandelt, welches den Sauerstofftransport im Körper stört. Daher wird er oft gleich nach der Ernte blanchiert und tief gefroren. Am besten ist es, dem Spinat einige Brennnesselblätter hinzuzufügen, da diese Nitrite neutralisieren können. Die jungen Blätter können roh als Salat verspeist oder mit etwas Obst zum Grünen Smoothie gemixt werden. Spinat enthält Oxalsäure, daher lieber kleinere Portionen zu sich nehmen.

Spinat mit Rosinen und Pinienkernen

✗ *2 klein gehackte Knoblauchzehen in Olivenöl andünsten, dann 35 g Rosinen und 500 g frische Spinatblätter hinzugeben und zusammenfallen lassen.*

✗ *Mit Pfeffer, Salz und Zitronensaft abschmecken.*

✗ *Beim Anrichten mit 50 g gerösteten Pinienkernen bestreuen und lauwarm mit getoastetem Brot servieren.*

Tomate/ Paradeiser

Die Tomate, in Österreich auch Paradeiser genannt, ist eine krautige Pflanze aus der Familie der Nachtschattengewächse.
Botanisch gesehen handelt es sich bei ihren Früchten um Beeren. Das Kraut und der Stielansatz enthalten ein mäßiges Gift und erinnern an seine Verwandtschaft mit der Tollkirsche oder dem Stechapfel. Tomaten existieren in einer Fülle von Formen, Größen, Geschmack und Farben. Neben roten gibt es auch weiße, gelbe, orange, rote, rosa, violette, grüne, braune oder gestreifte Sorten.

Geschichte

Die ursprüngliche Heimat der Tomate liegt in Mittel- und Südamerika, wo sie unter anderem von den Mayas aus den Wildformen kultiviert wurde (ca. 500 n. Chr.). Ab dem 16. Jahrhundert taucht sie auch in Europa auf, unter so klingenden Namen wie Liebesapfel, Paradies- oder Goldapfel. Zunächst wurde die Tomate nur als Zierpflanze kultiviert und fand erst spät, am Beginn des 19. Jahrhunderts, Eingang in die europäische Küche.

Haus-Apotheke

Der Hauptbestandteil der Tomate ist Wasser (ca. 95 %). Dazu kommt eine Unzahl an sekundären Pflanzenstoffen wie Terpene, Flavonoide u. v. a. Sie regen den Appetit an und senken den Blutdruck. Tomaten wirken blutbildend, entgiftend (z. B. bei Rheuma) und putzen den Darm. Weiterhin enthalten sie pflanzliche Hormone und natürliches Kortison.

Eine 10-jährige Studie der University of California hat ergeben, dass der Gehalt an Antioxidantien in Tomaten aus ökologischer Landwirtschaft fast doppelt so hoch liegt wie in konventionell gezogenen.[57]

Krebsprävention: Das Lycopin, ein Carotinoid (siehe auch lateinischer Name der Tomate) im roten Farbstoff, wird zurzeit stark auf seine antikanzerogene Wirkung hin erforscht.[58] Durch Hitze und Öl wird es freigesetzt. Dafür kleingeschnittene Tomaten 10 Minuten mit etwas Olivenöl im Topf schmoren lassen.

Eine **Tomaten-Kur** hilft bei Hämorrhoiden, da diese den Stuhl weich machen.

Küche

Tomaten sollten nicht im Kühlschrank gelagert werden und getrennt von anderem Obst. Da es in unseren Breiten im Winter keine Frischware aus dem Freiland gibt, können Sie bei Bedarf auf Dosentomaten zurückgreifen. Sie werden in den Herkunftsländern gleich nach der Ernte verarbeitet und enthalten dadurch oft mehr Vitalstoffe, als so manches lange transportiertes Gemüse aus Glashäusern.

---

57 www.pressetext.com/news/20070706015
58 Béliveau/Gingras: Krebszellen mögen keine Himbeeren, S. 239

Selbstgemachtes Ketchup

- ✗ 1 kg sehr aromatische Paradeiser und 130 g rote Zwiebeln in Stücke schneiden.
- ✗ Mit 50 ml Apfelessig, 50 g Rohrzucker, 2 TL Senf, 1 TL Salz und einer Prise Pfeffer ca. 45 Minuten ohne Deckel köcheln lassen.
- ✗ Dann die Sauce pürieren und durch ein feines Sieb streichen.
- ✗ Den Ketchup zurück in den Topf geben und weitere 15 Minuten eindicken lassen.
- ✗ Mit persönlichen Lieblingskräutern abschmecken, z. B. Oregano, Chili, Majoran, Ingwerpulver ...
- ✗ Danach heiß in frisch ausgekochte Flaschen mit großer Öffnung füllen.

Wasser

Das Leben auf der Erde entwickelte sich ursprünglich im Wasser der Meere. Als Pflanzen und Tiere später an Land gingen, nahmen sie das Wasser als Hauptbestandteil ihres Körpers mit. Beim Baby beträgt der Anteil 90 %, beim Erwachsenen 70 %. Wir können uns also tatsächlich als »wandelndes Wasser« bezeichnen. Als einziges Element kommt es auf der Erde in natürlicher Form in drei Aggregatzuständen vor (als Eis, Flüssigkeit und Dampf). Wasser enthält fast immer Spuren von weiteren Stoffen. »Hartes« Wasser entsteht z. B. durch gelöste Calcium- und Magnesium-Ionen.

Geschichte

Wasser spielt in der Menschheitsgeschichte seit jeher eine wichtige Rolle: als Nahrung, zur Körperhygiene, in Mythologie und Religion (z. B. in Form von Tauf- und Reinigungsritualen). Die abendländische Tradition zählt Wasser (neben Feuer, Luft und Erde) zu den vier »Ur«-Elementen. In der Naturheilkunde sind Wasserbehandlungen seit Jahrtausenden eine wichtige Therapieform, ob Trinkkuren, Waschungen oder Heilbäder wie in der römischen Bäderkultur. Als Begründer der Hydrotherapie im deutschsprachigen Raum gilt der Arzt Sieg-

mund Hahn. Im 19. Jahrhundert machte Pfarrer Sebastian Kneipp Kaltwasseranwendungen zur Abhärtung des Körpers bekannt. Der Mensch trägt leider mehr als jedes andere Lebewesen dazu bei, die Trinkwasserreserven der Erde zu verschmutzen. Bis zum Jahr 2050 soll ein Viertel der Erdbevölkerung an chronischem Wassermangel leiden.

Haus-Apotheke

Der erwachsene Mensch benötigt im Normalfall 2 – 3 l Trinkwasser pro Tag, um seinen Körper ausreichend zu versorgen und anfallende Giftstoffe abzutransportieren. Obwohl wir in Europa über genügend Trinkwasser verfügen, ist Dehydrierung weit verbreitet und gilt als eine der Hauptursachen für zahlreiche Alterungserscheinungen, für Migräne, Rückenschmerzen und Gelenkprobleme.

Kaltwasserbehandlungen dienen der Durchblutung, Entgiftung und Anregung von Kreislauf und Atmung.
Warme Bäder im Thermalwasser bringen Entspannung, Stressabbau und durchbluten die Muskulatur.

Zur **Ausleitungskur von Schwermetallen** und Giften eignet sich am besten »leeres«, das heißt mineralarmes Quellwasser ohne Kohlensäure.

Für eine **ayurvedische Heißwasser-Trinkkur** mineralstoffarmes Wasser 15 Minuten kochen, dann in eine Thermoskanne füllen und jeweils halbstündlich ein paar Schlucke davon trinken. Durch das Kochen wird das Wasser energetisiert und seine Oberflächenspannung herabgesetzt. Dadurch wirkt es entgiftend, beruhigend sowie hilfreich bei Haut- und Darmproblemen.

Küche

Trinkwasser lässt sich nicht durch Getränke wie Kaffee, Tee, Alkohol oder Limonaden ersetzen. Im Gegenteil, diese erhöhen durch ihre Inhaltsstoffe (Säuren, Phosphate, …) den Wasserbedarf noch zusätzlich. Bei Wasser aus **Kunststoffflaschen** können Abbauprodukte der Verpackung (Weichmacher) in das Wasser übergehen und zu Zellschädigungen führen.[59]

Energetisiertes Wasser

Die Qualität unseres Trinkwassers ist regional sehr unterschiedlich, je nach Quelle, Verweildauer in den Leitungen und chemischen Zusätzen (Chlor, Blei, Nitrat, …). In den letzten Jahrzehnten haben Forscher wie Viktor Schauberger, Masuru Emoto oder Alexander Lauterwasser gezeigt, dass Wasser in der Lage ist, Informationen zu speichern. Diese besondere Eigenschaft erklärt sich aus dem chemischen Aufbau der Moleküle. Sie bestehen aus je zwei Wasserstoff- und einem Sauerstoffatom, welche wie Stabmagneten wirken und mit benachbarten Molekülen sogenannte Cluster (»Flüssigkristalle«) bilden. Je geordneter diese Cluster sind, desto heilsamer ist das Wasser für den Organismus. Dies zeigen Emotos Wasserkristallbilder sehr anschaulich, bei denen er Wasserproben aus unterschiedlichen Quellen bestimmten Einflüssen aussetzte (Elektrosmog, freudvolle und aggressive Gefühle, Musik, Gebete).

Zum Energetisieren und Informieren von Wasser werden im Handel verschiedene Geräte angeboten, die mit Verwirbelungseffekten, Magneten und Kristallen arbeiten. Doch auch schlichte Dankbarkeit für die eigene Nahrung kann Erstaunliches bewirken.[60]

[59] Zum Mitnehmen (z. B. für Kinder in die Schule) eignet sich »Emil, die Flasche zum Anziehen«, siehe www.emil-die-flasche.de.
[60] Mehr Informationen zum Wasser finden sich z. B. auf der Homepage www.gesund-durch-wasser.de.

Weintraube

Weintrauben (botanisch richtig: Weinbeeren) sind die Früchte der Weinrebe, einer Kletterpflanze, die heute in einer Fülle von Sorten existiert. Die Farben ihrer Früchte reichen von gelb und grün bis blau, rot und schwarz. Sie sind auf kalkigem Boden besonders ertragreich und werden umso süßer, je strenger der Winter und heißer der Sommer ist.

Geschichte

Die Weinrebe gehört zu den ältesten Kulturpflanzen der Menschheit. Wilder Wein war noch vor 25 Millionen Jahren an vielen, teils unerwarteten Orten zu finden (z. B. Grönland). Nach der Eiszeit beschränkte sich die Verbreitung auf das Umfeld des Kaspischen Meeres. Von dort stammen auch die ältesten Funde kultivierter Trauben (ca. 7000 Jahre v. Chr.).

Schon früh fanden die Menschen heraus, dass sich der Saft leicht vergären lässt. Wein spielte in der antiken Gesellschaft eine wichtige Rolle (Dionysos- und Bacchus-Kulte).

entwässernd, blutreinigend

Haus-Apotheke

Trauben haben eine wassertreibende, blutreinigende und zusammen-
ziehende Wirkung. Ihr hoher Anteil an Traubenzucker bringt schnelle
Energie gegen Stresssituationen. Besonders wertvoll sind die sekundären Pflanzenstoffe: Flavonoide aus dem roten Weinlaub helfen bei
Problemen mit den Beinvenen. Resveratrol aus den Traubenschalen
und -kernen wirkt vorbeugend gegen Krebs und schützt Herz und
Blutgefäße.[61] Daher trinkt man traditionell zu fettigem Essen gerne
ein Gläschen Rotwein. Auch in der Hildegard-Medizin wird Kräuter-
wein bei vielerlei Leiden empfohlen (zum Beispiel Petersilien-Honig-
Wein für ein starkes Herz).

Als **Blutreinigungskur** im Herbst eine Woche lang täglich 0,5 kg
Weintrauben aus Bioanbau essen. Die Früchte werden jeweils eine
halbe Stunde vor der Mahlzeit eingenommen. Diese sollte sehr leicht
ausfallen (z. B. Gemüsesuppe).

Küche

Weintrauben werden roh gegessen, als Rosinen getrocknet oder zu
Saft bzw. Wein gekeltert. Weiterhin kann man aus ihnen Trauben-
kernöl bzw. -mehl gewinnen. Für »Gefüllte Weinblätter« werden die
Blätter kurz blanchiert und dann mit Reis oder Ziegenkäse gefüllt.

61 mehr dazu bei Béliveau/Gingras: Krebszellen mögen keine Himbeeren, S. 259

Waldorfsalat

✗ 4 säuerliche Äpfel entkernen und würfeln.

✗ ½ Knolle Sellerie fein raspeln und gemeinsam
   mit einer Handvoll Trauben/Rosinen und
   50 g grob gehackten Walnüssen in einer Schüssel mischen.

✗ Alles mit 4 EL eifreier Mayonnaise vermengen,
   mit Salz abschmecken.

✗ In Gläser füllen oder auf Blattsalat anrichten.

Weizen und Dinkel

Weizen gehört zu den Süßgräsern und ist das Hauptgetreide in den gemäßigten Klimazonen. Dinkel entstand aus einer Mutation alter Weizensorten. Er ist deutlich resistenter gegen Krankheiten und raues Klima. Im Gegensatz zum Weizen ist das Dinkelkorn fest mit den Spelzen verwachsen und muss vor der Verarbeitung »geröllt« werden. Am abgeflachten Ende befindet sich der wertvollste Bestandteil, der Keimling.

Geschichte

Die ersten angebauten Weizenarten waren Einkorn und Emmer im Orient. Schon vor 15000 Jahren war Dinkel als Kulturpflanze in Asien bekannt und in den Alpen wurde er seit der Jungsteinzeit angebaut. Erst im letzten Jahrhundert verdrängte der Weizen den Dinkel fast vollständig, da er ertragreicher und leichter zu verarbeiten ist.

Haus-Apotheke

Besonders beliebt ist der Dinkel in der Heilküche der heiligen Hildegard von Bingen. Sie schreibt: »Dinkel führt zu einem rechten Blut, gibt ein aufgelockertes Gemüt und die Gabe des Frohsinns.«[62] Dinkel enthält über 50 % Stärke, viel hochwertiges Eiweiß und ungesättigte Fettsäuren. Sein hoher Gehalt an Kieselsäure hilft Haut, Haaren, Nägeln und dem Gehirn. Weizen und Dinkel enthalten reichlich Vitamine und Mineralstoffe, wobei sich die wertvollsten Bestandteile in den Randschichten und im Keimling befinden.

Bei Magen-Darm-Erkrankungen hilft eine **Weizenbrei-Diät.** Dazu für 5–20 Tage (je nach Erkrankung) 0,5 kg Weizenkörner für 3,5 Stunden in Wasser kochen, bis die Masse dickflüssig wird und dabei immer wieder umrühren. Dann durch ein Sieb passieren und 4 x täglich zu sich nehmen (ev. mit etwas Honig oder mit Kompott). Auf andere Speisen oder Getränke muss verzichtet werden.

Weizenkeimöl bewährt sich bei Ekzemen, Psoriasis und trockener Haut. Ebenfalls empfehlenswert wegen des hohen Vitamin-Gehalts (bes. B1 und E): 1–2 EL Weizenkeimlinge vor jedem Essen einnehmen.

Küche

Dinkelbrote sind in Mode, doch Achtung Allergiker: In konventionellen Backmischungen wird Dinkelmehl oft mit Weizen gestreckt! Dinkel und Weizen enthalten Gluten und sind beide leicht verdaulich. Sie werden auch zu Bier gebraut.

---

62 zitiert in Münzing-Ruef, Ingeborg: Kursbuch gesunde Ernährung, S. 314

Schweizer Zopf – vegan

- ✗ ½ Würfel frische Hefe in 300 ml Reismilch auflösen, dann mit 500 g Dinkelmehl, 2 TL Rohrzucker, 60 g geschmolzener Biomargarine (Butter) und 1 TL Salz gut verkneten.
- ✗ Den Teig 1 Stunde an einem warmen Ort gehen lassen.
- ✗ Dann einen Zopf formen und mit etwas Reismilch bestreichen.
- ✗ Am Backblech im noch kalten Ofen 30 Minuten gehen lassen. Dann bei 200 °C ca. 40 Minuten backen.
- ✗ Zopf gehört in der Schweiz vielerorts zum gemütlichen Sonntagsbrunch und wird pikant oder süß belegt gegessen.

Zitrone

Die Zitrone ist die Frucht des immergrünen Zitronenbaumes aus der Gattung der Zitruspflanzen. Sie entstand ursprünglich aus einer Kreuzung von Bitterorange und Zitronatzitrone. Aus Zitronen werden Saft, Zitronensäure, Pektin und ätherische Öle gewonnen.

Geschichte

Die Zitrone stammt wahrscheinlich aus dem Norden Indiens. Ab dem 13. Jahrhundert wurde sie auch in Sizilien und Spanien kultiviert.

Kapitän James Cook wies seine Besatzung an, regelmäßig Zitrone und Sauerkraut gegen den Skorbut zu essen und konnte so erfolgreich den Pazifik kartografieren. Im Barock war die Zitrone wegen ihres Dufts und Geschmacks ein wichtiger Bestandteil der fürstlichen Orangerien.

Haus-Apotheke

Zitronen enthalten viel Zitronensäure, Pektin, Phosphor, ätherische Öle und Vitamin C für das Immunsystem. Sie wirken antibakteriell, appetitanregend und fiebersenkend. Außerdem verbessern sie die Eiweiß-, Calcium- und Eisenverwertung. Der Saft der reifen Früchte

aktiviert die Leber, senkt den Blutdruck und stärkt das Herz. Ihre Flavonoide schützen uns vor vielen Umweltgiften und wirken krebspräventiv. Ascorbinsäure aus der Apotheke besitzt nicht das ganze Spektrum an Vitalstoffen, das die Frucht zu bieten hat.

Als **Gurgellösung** bei entzündetem Hals den Saft einer Zitrone auspressen. Bei Erkältungen Zitronensaft mit Wasser und Honig einnehmen.
Umschläge mit Zitronensaft hemmen Ekzeme, Pickel und Hautpilze.

Küche

Zitronensaft bewirkt, dass viele Gemüse bei Lagerung oder beim Kochen ihre Farbe behalten (z. B. Avocado, Brokkoli). Die abgeriebene Schale der Zitrone wird gerne zum Aromatisieren von Backwerk und anderen Gerichten verwendet. Achtung: Konventionell angebaute Zitronen werden oft mit einer wachsartigen Schutzschicht überzogen und mit Konservierungsmitteln eingesprüht!

Zitronenkuchen

- ✗ 300 g Mehl mit 1 Päckchen Backpulver, 250 ml Mandel- oder Reismilch, 200 g Zucker, 125 ml Rapsöl, der abgeriebenen Schale und dem Saft 1 Bio-Zitrone und 1 Päckchen Vanillezucker gut verrühren.
- ✗ In einer gefetteten Kuchenform 1 Stunde bei ca. 180 °C backen.
- ✗ Auf Wunsch mit Zuckerglasur überziehen (125 g Puderzucker und 3 EL Wasser).

Zucchini

Die Zucchini gehört zur Familie der Kürbisgewächse und ist eine einjährige pflegeleichte Pflanze. Es gibt sie mit dunkelgrünen, grün-weiß-gesprenkelten und gelben Früchten in länglicher oder auch in runder Form. Meist werden Zucchini unausgereift verzehrt. Wenn man sie weiter wachsen lässt, werden ihre Früchte so groß wie Kürbisse und halten durch ihre harte Schale bis in den Winter hinein.

Geschichte

Die ursprüngliche Heimat der Zucchini liegt in Mittelamerika, wo sie als eine der vielen Kulturformen des Kürbisses schon seit mehreren tausend Jahren angepflanzt werden. Die europäischen Zucchini wurden im 17. Jahrhundert aus dem Gartenkürbis gezüchtet. Im deutschsprachigen Raum sind sie erst in den 70er-Jahren des letzten Jahrhunderts bekannt geworden.

Haus-Apotheke

Zucchini enthalten wie alle Kürbisse sehr viel Wasser. Sie sind kalorienarm und gut verdaulich. Daher werden sie gerne als Schonkost und für Entschlackungskuren eingesetzt. Sie wirken basenbildend, leicht abführend und helfen der Darmschleimhaut, sich zu regenerieren. Ihre Bitterstoffe bringen Leber und Galle in Schwung. Gleichzeitig machen sie leistungsstark, indem sie Herz und Nerven unterstützen.

Bei Entzündungen der Haut hilft eine **Auflage** aus zerdrückten Zucchini.

Als **klärende Gesichtsmaske** das zerdrückte Fruchtfleisch mit Heilerde gemischt auftragen.

Küche

Zucchini können roh als Salat, in gekochter Form und auch geraspelt im Kuchen verspeist werden. Ihre Samen können wie Nüsse geknabbert werden. Die dekorativen gelben Blüten sind gefüllt eine griechische Delikatesse.

Tipp: Zucchini bilden männliche und weibliche Blüten an einer Pflanze aus. Wenn Sie nur die männlichen Blüten ernten, schmälern Sie Ihren Gemüse-Ertrag nicht. Natürlich dürfen Sie nicht alle männlichen Blüten entfernen. Man erkennt sie an den dünnen, langen Stielen (im Bild die linke Blüte). Bei den weiblichen Blüten befindet sich unterhalb der Blütenblätter eine Verdickung, der Fruchtknoten, aus dem sich nach der Befruchtung die Zucchini bilden.

Grillspieße

✗ Abwechselnd Zucchini, Räuchertofu, Champignons, Zwiebel, Tomaten und Paprikastücke auf Spieße aufstecken und vor dem Grillen mit einer Marinade aus Öl, Sojasauce und Essig bestreichen.

✗ Wer gerne orientalisch isst, kann die Zucchinistücke auch mit Datteln, Auberginen und Cherrytomaten kombinieren.

✗ Hier passt eine Marinade aus Olivenöl, Zitronensaft, Ahornsirup, Salz und Chili.

Zwiebel

Die Zwiebel ist eine ausdauernde, krautige Pflanze, die meist ein- oder zweijährig gezogen wird. Sie ist genügsam und widerstandsfähig. Die Pflanze bildet als Speicherorgan eine Schalenzwiebel aus, die gut lagerfähig ist. Diese gibt es in vielen verschiedenen Sorten: weiß, rot, bräunlich und von sehr scharf bis mild.

Geschichte

Die Zwiebel ist eine der ältesten Kulturpflanzen der Welt und seit mehr als 5000 Jahren in Verwendung – als beliebtes Küchengewürz und effektives Heilmittel.
Ursprünglich war sie in China, Indien und Persien beheimatet. Schon bei den alten Ägyptern nährte sie Pharaonen wie Arbeiter und diente sogar als Zahlungsmittel beim Pyramidenbau. Im Grab des Tutanchamun wurden Zwiebelreste als Proviant für die Reise ins Jenseits gefunden.

Haus-Apotheke

Zwiebeln besitzen ein wahres Feuerwerk an hilfreichen Inhaltsstoffen für uns, z. B. Quercetin, das die Abwehrkräfte bei Entzündungen und Erkältungen aktiviert. Zwiebeln wirken desinfizierend, entgiftend,

antibakteriell, immunstärkend

krebspräventiv und senken den Blutdruck. Ihre Senföle regen die Verdauungsdrüsen an (und die Tränendrüsen beim Zwiebelschneiden). Sie lösen Schleim in den Lungen und erleichtern damit das Durchatmen. Obendrein beruhigen sie die Nerven und fördern den Schlaf.

Der **Zwiebelwickel** ist ein altes Heilmittel bei Entzündungen aller Art (Ohren, Hals, Stirnhöhlen, Brust, …). Dazu werden Zwiebeln sehr fein gehackt und in ein Tuch eingeschlagen, das man auf die schmerzende Stelle legt. Darauf kommt eine Wärmflasche, denn die Wärme intensiviert die heilenden Dämpfe.

Als **Hustensirup** eine Zwiebel in sehr feine Teile schneiden, mit Honig übergießen und das Gemisch einen Tag in einem Schraubglas ziehen lassen. Mehrmals täglich 1 TL einnehmen.

Aufgeträufelter **Zwiebelsaft** oder die Auflage einer frischen Scheibe lindert die Schwellung bei Insektenstichen.

Küche

Die meisten Inhaltsstoffe haben die rohen Zwiebeln, doch nicht jeder verträgt sie. Lassen Sie ruhig zu, dass Sie beim Schneiden Tränen vergießen, es reinigt Ihre Schleimhäute.

antibakteriell, immunstärkend

Zwiebelkuchen

- ✗ Verkneten Sie 200 g Mehl mit ⅛ l Wasser, etwas Olivenöl und Salz.
- ✗ Den Teig in einer gefetteten Backform auslegen. Dabei die Teigränder hochziehen und den Boden mehrfach mit der Gabel einstechen.
- ✗ Für den Belag 400 g Zwiebeln in halbe Ringe schneiden und anrösten.
- ✗ Dann 200 g pürierten Räuchertofu auf dem Teigboden verteilen.
- ✗ Mit Salz, Pfeffer, Muskatnuss und Kümmel würzen und die Zwiebeln darauf geben.
- ✗ Den Kuchen im Rohr backen (200 °C, ca. 30 Minuten), bis die Oberfläche sich zu bräunen beginnt.

Seelische Botschaften der Lebensmittel

Aprikose / Marille	– die Unabhängige
Artischocke	– Toleranz
Aubergine / Melanzani	– Inspiration
Avocado	– Milde
Banane	– Energie-Kick
Birne	– Eintracht
Blumenkohl / Karfiol	– Fitness
Brokkoli	– Unternehmergeist
Champignon	– Lebensgesetze
Erbse	– Kindheit
Fenchel	– Teamarbeit
Gartenbohne	– Networking
Gerste	– Tarnkappe
Gurke	– der Krieger
Hafer	– Kontaktfreude
Hirse	– Zellwachstum
Johannisbeere / Ribisel	– Sinneseindrücke
Kakao	– Ritual
Karotte	– Jetzt
Kartoffel	– Strukturen
Kichererbse	– Loslassen
Knoblauch	– Menschsein
Kohl	– Tabus
Kresse u. a. Sprossen	– Innigkeit
Kürbis	– der Zuverlässige
Linse	– Vernunft
Mais	– Neuland
Mandel	– Spiegel
Olive	– das Ungewollte
Orange	– Sexualität
Paprika	– Eigentum
Quinoa	– Gebet
Reis	– der Diplomat
Rhabarber	– traditionelle Heilkunde
Roggen	– neue Wissenschaft
Rote Rübe	– Revolution
Salat	– Vitalität
Sellerie	– der Steuermann
Soja	– Wunschkind
Sonnenlicht	– Seelennahrung
Spargel	– Ehrlichkeit
Spinat	– die Kapriziöse
Tomate / Paradeiser	– Originalität
Wasser	– Leben
Weintraube	– Luxus
Weizen und Dinkel	– Goldene Mitte
Zitrone	– Entgiftung
Zucchini	– die Königliche
Zwiebel	– der Problemlöser

Stichwortverzeichnis

Literaturhinweise und Links

Bücher zu Ernährung und Gesundheit

Béliveau, Richard/Gingras, Denis: *Krebszellen mögen keine Himbeeren, Nahrungsmittel gegen Krebs*, Goldmann Verlag, München 2010

Bode, Thilo: *Die Essensfälscher, Was uns die Lebensmittelkonzerne auf die Teller lügen*, S. Fischer Verlag 2012

Boutenko, Victoria: *Grüne Smoothies – lecker, gesund & schnell zubereitet*, Hans Nietsch-Verlag 2010

Dahlke, Ruediger: *Essens-Glück. Ernährung von der körperlichen bis zur spirituellen Dimension*, Schirner Verlag 2010

Dahlke, Ruediger: *Peace Food. Wie der Verzicht auf Fleisch und Milch Körper und Seele heilt*, Gräfe und Unzer 2011

Foer, Johathan Safran: *Tiere essen*, Kiepenheuer & Witsch, Köln 2010

Hildmann, Atilla: *Vegan for Fun*, Becker Joest Volk Verlag 2011

Münzing-Ruef, Ingeborg: *Kursbuch gesunde Ernährung, Die Küche als Apotheke der Natur*, Heyne Verlag, München 1991

Nichterl, Claudia: *Die 5 Elemente Küche*, av Buch, 1. Auflage 2008

Oberbeil, Klaus/Lentz, Dr. med. Christiane: *Obst und Gemüse als Medizin, Gesund mit den Vitalstoffen aus der Natur*, Südwest Verlag 2008

Pearce, Fred: *Land Grabbing. Der globale Kampf um Grund und Boden*, Verlag Antje Kunstmann 2012

Pelzl, Renate/Gruber, Julia: *Wildkräuter – Heilkraft am Wegesrand*, Königsfurt-Urania Verlag 2012

Schweisfurth, Georg: *biofood*, Südwest Verlag, München 2001

Sheldrake, Rupert: *Das schöpferische Universum: Die Theorie des morphogenetischen Feldes*, Ullstein Verlag 2009

Spiekermann, Uwe: *Neue Wege zur Ernährungsgeschichte. Kochbücher, Haushaltsrechnungen, Konsumvereinsberichte und Autobiographien in der Diskussion*. Co-edited with Dirk Reinhardt and Ulrike Thoms. Frankfurt/M., Peter Lang 1993

Spitz, Jörg/Grant, William B.: *Krebszellen mögen keine Sonne*, Mankau Verlag 2010

Terre Vivante: *Natürlich konservieren*, Ökobuch Verlag, 6. Auflage 2012

Wenzel, Dr. Petra: *Die Vitalstoffentscheidung*, Maya Media 2007

Ziegler, Jean: *Wir lassen sie verhungern. Die Massenvernichtung in der Dritten Welt*, Bertelsmann Verlag 2012

Bücher zum Gärtnern

Heistinger, Andrea/Arche Noah: *Handbuch Bio-Balkongarten. Gemüse, Obst und Kräuter auf kleiner Fläche ernten*, Löwenzahn Verlag, Innsbruck 2012

Heistinger, Andrea/Arche Noah: *Handbuch Bio-Gemüse. Sortenvielfalt für den eigenen Garten*, Löwenzahn Verlag, Innsbruck 2010

Heistinger, Andrea/Arche Noah: *Handbuch Samengärtnerei. Sorten erhalten, Vielfalt vermehren, Gemüse genießen*, Löwenzahn Verlag, Innsbruck 2004

Heistinger, Andrea: *Der wilde Gärtner. Nach einer Idee von Roland Düringer*, Löwenzahn Verlag, Innsbruck 2011

Seymour, John: *Selbstversorgung aus dem Garten. Wie man seinen Garten natürlich bestellt und gesunde Nahrung erntet*, Urania Verlag, Stuttgart 1999

Thun, Maria: *Erfahrungen für den Garten. Aussaattage, Pflanzzeiten, Erntetage*, Stuttgart 2003

Links zur Ernährung

| www.peacefood.de | www.foodwatch.de | www.gesundheitlicheaufklaerung.de/zusatzstoffe-konservierungsstoffe | www.naturwelt.org/welthunger | www.slowfood.co | www.earthmarkets.net | www.tastethewaste.com | www.foodsharing.de | www.slowfoodyouth.ch | www.viacampesina.at | www.fairtrade.at | www.vegan.de | www.vegan.eu | www.provegan.info |

Links zum Gärtnern

| www.allmende-kontor.de | www.social-seeds.net | www.urbanacker.net | www.mundraub. org | www.gruenewelle.org | www.guerillagaertner.com | www.experimentselbstversorgung. net | http://blog.unkontrollierbar.org/ | www.bodenfreiheit.at | www.arche-noah.at | www. prospecierara.ch | www.bingenheimersaatgut.de | www.nutzpflanzenvielfalt.de | http://bal-konliebe.de | www.biohelp.at | http://seedtoplate.co.uk |

Filme:

We feed the World – Erwin Wagenhofer – http://we-feed-the-world.at/
More than Honey – Markus Imhoof – www.morethanhoney.at
Taste the Waste – Valentin Thurn – www.tastethewaste.com
Am Anfang war das Licht – P. A. Straubinger – www.amanfangwardaslicht.at
Unser täglich Brot – Nikolaus Geyrhalter – www.unsertaeglichbrot.at
Gabel statt Skalpell – Lee Fulkerson
Unser Biogarten – Film über Ruediger Dahlkes »Peace-Food«-Seminar-Zentrum TamanGa – www.heilkundeinstitut.at

Bildquellenverzeichnis

Historische Abbildungen

Otto Wilhelm Thomé: Flora von Deutschland, Österreich und der Schweiz (1885) (http://caliban.mpiz–koeln.mpg.de/thome/index.html, Wikipedia)
Johann Georg Sturm: Deutschlands Flora in Abbildungen (1796) (http://caliban.mpipz.mpg.de/sturm/flora/index.html, Wikipedia)
Köhler's Medizinal Pflanzen Atlas, 1887 (Wikipeia)
Flora de Filipinas, Gran edicion, Francisco Manuel Blanco (O.S.A.) (Wikipedia)
Vilmorin-Andrieux & Cie, 1904, Les plantes potagères. Description et culture des principaux légumes des climats tempérés (Wikipedia)
Plantarum Medico-Oeconomico-Technologicarum (1800–1822), Ferdinand Bernhard Vietz
Atlas des plantes de France, Amédée Masclef, 1891 (Wikipedia)

Andere Abbildungen

| S. 10: Pagode auf TamanGa © Christian Martin Weiss | S. 11: Rüdiger Dahlke © Christian Martin Weiss | Gangl Säfte © Wolfgang Simlinger | S. 44 + 46: Schloss Schiltern, Schaugarten der Arche Noah © ARCHE NOAH / Schiltern | S. 48: City-Farm Schönbrunn, Österreich © City Farm Schönbrunn | S. 49 + 52: Die essbare Stadt © Stadtverwaltung Andernach/ Christoph Maurer | S. 54: Gardening © Jani Bryson – iStockphoto | S. 103: P. A. Straubinger © Thimfilm | S. 104: »Mataji« Prahlad Jani, Yogi aus Gujarat, Indien © Thimfilm | S. 105: Dr. Michael Werner © Thimfilm | S. 140 + Karte: Two forest mushrooms (champignon) growing near grass © Photozirka – Dreamstime.com | S. 155: Gurkenschiffchen © Julia Gruber | S. 173 + Karte: Chickpea – cicer arietinum © Darkop – Dreamstime.com | S. 255: Zwiebelkuchen © Julia Gruber |

Abbildungen von Fotolia.com

| S. 3: Olive © Antonio Gravante + fresh carrots © atoss + Tomatos collection © msk.nina + Weizenähre © photocrew | S. 4 – 5: Blossoming branch of an olive tree © denira + Branch with blossoms © Vitas + mik fennel, rosemary and sage © claudio + Aceite de oliva virgen y olivas de diversas variedades © Angel Simon + Rainbow collections of fruits and vegetables (Paprika) © Elena Schweitzer + Leeks © iaroslava + colección de setas comestibles © Luis Carlos Jiménez | S. 6 – 7: Branch with blossoms © Vitas + Fresh Cresses © snapshot + Zucchini with flower © Jessmine + Rainbow collections of fruits and vegetables (Paprika) © Elena

Bildquellenverzeichnis

on a rope © viperagp + Homemade preserves and pickles © zigzagmtart + Trockenobst © Christian Jung + Sauerkraut © photocrew + dill © motorlka ┃ S. 89: Antipasti © photocrew ┃ S. 90: Pasta Gratin © Barbara Pheby + Falling fresh vegetable © Kesu ┃ S. 91: Grüner Gemüse Smoothie © Inga Nielsen ┃ S. 92: Gemüsespieße grillen © babsi_w ┃ S. 94: Bright vector sun with lens flare © wenani + Ast mit Apfel © Inga Nielsen + Wheat © ortodoxfoto ┃ S. 96: Ear of oats with grain © Dionisvera + Rhubarb © Elena Schweitzer + Vegetable collection (Spinat) © Elena Schweitzer + Vegetable collection on white (Bohnen) © Elena Schweitzer + Rainbow collections of fruits and vegetables (Blumenkohl) © Elena Schweitzer + Fresh Cresses © snapshot ┃ S. 100: Three mushrooms © DS ┃ S. 102: Bright vector sun with lens flare © wenani ┃ S. 106: Grizzly bear © Eric Isselée + Bärlauch © silencefoto + North American Indian © Erica Guilane-Nachez + Wolf © JackF ┃ S. 108: Kirlian Image from the portfolio „Vita occulta plantarum" (The Secret life of Plants") – Wikipedia, Igore1913 ┃ S. 112: Bright vector sun with lens flare © wenani + Fresh water splash © photocreo ┃ S. 118 – 119: Branch with blossoms © Vitas + The glass carafe for fruit liqueurs © salita2010 + Apricots with leaves © volff + Johannisbeeren © Andrea Wilhelm + Rhubarb © Elena Schweitzer + Fenchel © Christian Jung + fresh carrots © atoss + Fruit and vegetables for all tastes © valeriy555 + Roggen © Christian Jung + Grüner Gemüse Smoothie © Inga Nielsen + Aceite de oliva virgen y olivas de diversas variedades © Angel Simon ┃ S. 120 + Karte: ripe apricots © beerfan + Apricots with leaves © volff ┃ S. 122 + Karte: Artichoke growing in the garden + Vegetable collection © Elena Schweitzer ┃ S. 123: vintage greengrocer's placard with different vegetables © Anja Kaiser ┃ S. 124: Pasta integrale con mattarello su tovaglia bianca © serenacar + artichokes in oil © Lsantilli + tableau des plantes aromatiques © martine wagner ┃ S. 125 + Karte: organic eggplant fruit © DLeonis + Rainbow collections of fruits and vegetables © Elena Schweitzer ┃ S. 127: Ratatouille © Travelling Light + Fresh herbs collection © Elena Schweitzer ┃ S. 128 + Karte: Avo © Ecoimage + Rainbow collections of fruits and vegetables © Elena Schweitzer ┃ S. 129: Tomatos collection © msk.nina + Fresh herbs collection © Elena Schweitzer + Schale, Avocado © photocrew + Red Hot Chili Peppers © Rynio Productions ┃ S. 130 + Karte: Banana tree with a bunch of bananas © yuri2011 + Rainbow collections of fruits and vegetables © Elena Schweitzer ┃ S. 132 + Karte: Red pear © ortodoxfoto + Rainbow collections of fruits and vegetables © Elena Schweitzer ┃ S. 133: Bärwurz © Joachim Opelka + Süßhölzer © photocrew + Galgant © ExQuisine ┃ S. 135 + Karte: Cauliflower © JJAVA + Rainbow collections of fruits and vegetables © Elena Schweitzer ┃ S. 137: Rainbow collections of fruits and vegetables (Blumenkohl + Paprikaschoten) © Elena Schweitzer + Leeks © iaroslava + fresh carrots © atoss + Koriander © silencefoto ┃ S. 138 + Karte: Large broccoli plant © ELyrae + Rainbow collections of fruits and vegetables © Elena Schweitzer ┃ S. 140 + Karte: Vegetable collection © Elena Schweitzer ┃ S. 141: Champignons © lynea ┃ S. 142: Semmelknödel mit Pilzen © vertmedia Martin R. + Küchenkräuter © Barbara Pheby ┃ S. 143 + Karte: Green peas © heitipaves + Fruit and vegetables for all tastes © valeriy555 ┃ S. 145: Branches and flower of green pea © homydesign + Zuckererbsen © Joachim Opelka + Süßkartoffel© photocrew ┃ S. 146 + Karte: Fenchel im Beet © focus finder + Fennel © amst ┃ S. 148 + Karte: Fitzebohnen © Martina Berg + vegetable collection © Elena Schweitzer ┃ S. 150: Vegetable collection © Elena Schweitzer + Couscous © Shawn Hempel + Rainbow collections of fruits and vegetables © Elena Schweitzer + Tomatos collection © msk.nina ┃ S. 151 + Karte: Getreide © Stefan Körber + groats collection © andriigorulko ┃ S. 153: crema de vainilla © dulsita ┃ S. 154 + Karte: Two cucumbers on the rod growing © Vladyslav Siaber + Rainbow collections of fruits and vegetables © Elena Schweitzer ┃ S. 156 + Karte: Haferacker © pholidito + groats collection © andriigorulko ┃ S. 158 + Karte: millet sec © Frédéric Georgel + Burlap bags with grain © samiramay ┃ S. 160: falling salad leaves © Olga Lyubkin + Getreidebratlinge © TwilightArtPictures ┃ S. 161 + Karte: johannisbeeren © anne3766 + Rainbow collections of fruits and vegetables © Elena Schweitzer ┃ S. 163: The glass carafe for fruit liqueurs © salita2010 + Traditional redcurrant jam © Grecaud Pau ┃ S. 164 + Karte: Multiple pods of Arriba cacao © sbgoodwin + Kakaoschote © photocrew ┃ S. 166: Schokoladen-Bällchen © Joana Kruse + Frutos secos variados (Datteln + Feigen) © Angel Simon ┃ S. 165: Gugelhupf Marmorkuchen © Quade ┃ S. 168 + Karte: Karottenbeet © Stefan Körber + fresh

carrots © atos | S. 170: Kartoffelernte (Solanum tuberosum) © Johannes Menk + Vegetable collection © Elena Schweitzer | S. 172: Roasted potatoes © Elenathewise + Collage Küchenkräuter © Barbara Pheby | S. 173 + Karte: Kichererbsen © photocrew | S. 175: Falafel © paul_brighton | S. 176 + Karte: Garlic vegetable growing agriculture © meryll + Vegetable collection © Elena Schweitzer | S. 178: Tzatziki © Brad Pict | S. 177: Garlic © shlapak_liliya | S. 179 + Karte: cabbage head © Gino Santa Maria + Collection of fresh cabbage © msk.nina | S. 180: Kohl © raven | S. 181: Krautfleckerl © babsi_w + Fresh herbs collection © Elena Schweitzer | S. 182 + Karte: Green grass background © ivnfet + Fresh Cresses © snapshot | S. 184 + Karte: pumpkins © Lori Martin + Rainbow collections of fruits and vegetables © Elena Schweitzer | S. 186: gebackener Spaghettikürbis © Stefanie Lindorf | S. 187 + Karte: Linsen Pflanze (Lens culinaris) © kasparart + Lentils (lens culinaris) © Peter Polak | S. 189: Linsensalat © Eva Gruendemann + Rainbow collections of fruits and vegetables © Elena Schweitzer + Collage Küchenkräuter © Barbara Pheby | S. 190 + Karte: Mais © Daniel Bujack + Few corn isolated on white © Africa Studio | S. 192 + Karte: Amandes à cueillir © lamax + Nuts collection © Elena Schweitzer | S. 194: Linzer Torte © Schwoab | S. 195 + Karte: Olive © Subbotina Anna + Olive © Antonio Gravante | S. 197: Baguette, Olivenpaste © Christian Jung | S. 198 + Karte: duas laranjas na laranjeira © Mauro Rodrigues + Rainbow collections of fruits and vegetables © Elena Schweitzer | S. 200: Kürbissuppe © photocrew + Rainbow collections of fruits and vegetables © Elena Schweitzer | S. 201 + Karte: pepper plant with fruits © DLeonis + Rainbow collections of fruits and vegetables © Elena Schweitzer | S. 203: nachos and tomato dip © Jiri Hera + Tomatos collection © msk.nina + Koriander © silencefoto | S. 204 + Karte: Quinoa © PhotoSG + Inkareis (Quinoa) © TwilightArtPictures | S. 206: Quinoa Salat © A_Lein + Tomatos collection © msk.nina + Rainbow collections of fruits and vegetables © Elena Schweitzer | S. 207 + Karte: rice plant © wuttichok + groats collection © andriigorulko | S. 209: Rice Pudding with Cherry Sauce © Barbara Pheby | S. 210 + Karte: garten © Tom Bayer + Rhubarb © Elena Schweitzer | S. 212: Rhubarb roll © laperla_777 + Rhubarb © Elena Schweitzer | S. 213 + Karte: Roggen © Cornelia Pithart + Roggen © Christian Jung | S. 215: Weihnachtliche Lebkuchen © Eva Gruendemann + cinnamon and star anise © Paulist | S. 216 + Karte: Beetroot in a vegetable garden © Tatiana Volgutova + Rote Rübe © Christian Jung | S. 218: Borsch Soup © victoria p. + Rote Rübe © Christian Jung | S. 219 + Karte: Rangée de laitues © Auguste Lange + grüner Kopfsalat © Swetlana Wall | S. 220: Kopfsalat © Anja Kaiser | S. 221 + Karte: Fresh Celery in the garden © Handmade-Pictures + Celery with root © yamix | S. 223: panierter Wurzelsellerie © TwilightArtPictures + Collection of Isolated Salads © robynmac + Vegetable collection © Elena Schweitzer | S. 224 + Karte: Soy plants © igor + soybean © ping han | S. 225: Soy products © Igor Dutina | S. 226: Deep Fried Tofu © Boris Ryzhkov | S. 227 + Karte: golden sunset over field with barley © Mykola Mazuryk + ladybug on yellow flower © yellowj | S. 230 + Karte: Organic farming asparagus © NilsZ + Fresh cut white asparagus © Shawn Hempel | S. 232: Asparagus gratin © komar.maria | S. 233 + Karte: Epinards © L.Bouvier + Vegetable collection © Elena Schweitzer | S. 235 + Karte: Tomaten © Andrea Wilhelm + Tomatos collection © msk.nina | S. 237: Tomato sauce © lidante | S. 238 + Karte: green background + with grass © Foxy_A + Fresh water splash © photocreo | S. 241 + Karte: bunch of red grapes © PRILL Mediendesign + Weintrauben © Pixelspieler | S. 243: Waldorf salad © violetapasat | S. 244 + Karte: grain field © Elenathewise + Weizen © Christian Jung | S. 246: Brioche © Barbara Pheby | S. 247 + Karte: citronnier © Papirazzi + Rainbow collections of fruits and vegetables © Elena Schweitzer | S. 249: Zitronenkuchen © demarco + Almond milk © Silvy78 + Zitronenspalten © Christian Jung | S. 250 + Karte: Zucchiniblüte © Margit Power + Rainbow collections of fruits and vegetables © Elena Schweitzer | S. 251: Zucchinipflanze © barbulat | S. 252: Tofu vegetable kebabs © Olga Lyubkin | S. 253 + Karte: Zwiebelpflanze © majaa + Vegetable collection © Elena Schweitzer | S. 255: Frische Zwiebeln © Christian Jung + Zwiebelkuchen © Julia Gruber | S. 256: Organic Vegetables © Subbotina Anna |

Heilkraft am Wegesrand
von Julia Gruber und Renate Pelzl

WILDKRÄUTER – HEILKRAFT AM WEGESRAND

Set mit 192-seitigem Buch und 49 Karten
ISBN 978-3-86826-120-2